JN270205

わかりやすい
土木の実務

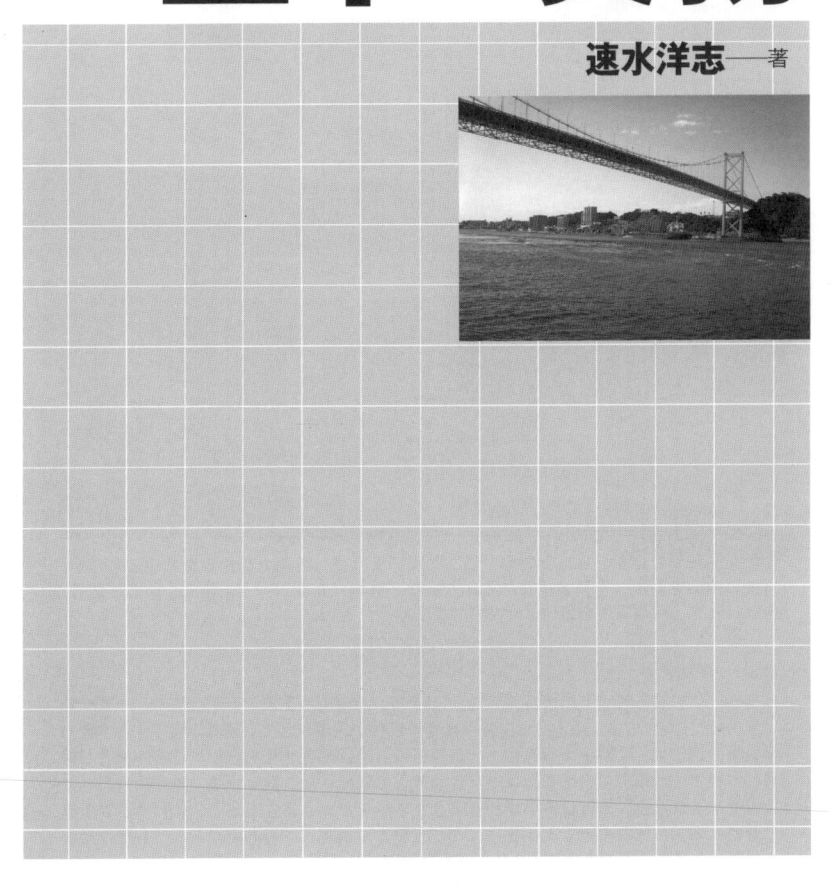

速水洋志 ── 著

Ohmsha

本書を発行するにあたって，内容に誤りのないようできる限りの注意を払いましたが，本書の内容を適用した結果生じたこと，また，適用できなかった結果について，著者，出版社とも一切の責任を負いませんのでご了承ください．

本書は，「著作権法」によって，著作権等の権利が保護されている著作物です．本書の複製権・翻訳権・上映権・譲渡権・公衆送信権（送信可能化権を含む）は著作権者が保有しています．本書の全部または一部につき，無断で転載，複写複製，電子的装置への入力等をされると，著作権等の権利侵害となる場合があります．また，代行業者等の第三者によるスキャンやデジタル化は，たとえ個人や家庭内での利用であっても著作権法上認められておりませんので，ご注意ください．

本書の無断複写は，著作権法上の制限事項を除き，禁じられています．本書の複写複製を希望される場合は，そのつど事前に下記へ連絡して許諾を得てください．

出版者著作権管理機構
（電話 03-5244-5088，FAX 03-5244-5089，e-mail: info@jcopy.or.jp）

JCOPY ＜出版者著作権管理機構 委託出版物＞

はじめに

　「土木」という言葉を，私は心地よい響きとともに誇りをもって聞いています．一般に「技術屋」と呼ばれる人たちは，その分野において専門的な知識，技術，実績をもったプロフェッショナル（職業人）でなければなりません．

　しかしながら近年，土木に対するイメージは3K（きつい，きたない，きけん）の代名詞のように扱われ，談合問題に代表される社会的評価の低下により，土木業界全体の低迷が続いている状況となっています．

　「土木」の世界においても，近年の土木技術者は"専門化，細分化され，全体の仕事の中での自分の役割を知らない"，"机上の知識と書類管理優先により現場を知らない"，"「コンピュータ万能」の風潮による結果主義で，基礎知識を知らない"というような，ないないづくしに陥っているのが現状であります．

　しかしながら，過去の歴史からみても，都市づくり，農地づくりなどの社会基盤の整備，道路，鉄道，港湾などの交通移動システムの確立および海洋，河川，湖沼などの治水，利水の防災，安全・安心な生活の確保に重要な役割を果たしてきたのが土木そのものと言えます．

　本書は，これから「土木技術者」を目指す人にとっての道しるべとなるべく，土木技術者としての心構え，果たすべき役割そして土木全体の基礎知識について著したものであり，「1，2級土木施工管理技術検定試験」の参考書も兼ねるとともに，現場必携本として現在「土木」の世界で活躍されている方にとっては，もう一度おさらいの意味も含めて，「土木技術」の原点に立ち返りステップアップを図る一助となれば幸いと思います．

　これからの「土木技術者」は3Kから脱却して，新たな3A（安全・安心・安定）に向かって展開を進めて行かれることを願う次第です．

　本書の執筆にあたり，適切な助言をいただくとともに，各専門分野における資料，写真の提供をいただいた専門家，関係者各位に対して改めて感謝の意を表す次第であります．

2008年8月

　　　　　　　　　　　　　　　　　　　　　　　　　　　　速水　洋志

目次

第1章 土木とは？　　土木の由来と役割　　1
- 1-1　土木の由来……土木って何だろう？　2
- 1-2　土木の役割……何のため，誰のための土木　4
- 1-3　土木技術者の役割……土木は大地のお医者さん　6
- 1-4　土木技術者の心構え……広い視野・高所に立つ　8

第2章 土木の歴史　　先人に学び技術を継承する　　11
- 2-1　為政者たちの遺した土木……権力を誇示する　12
- 2-2　僧侶たちの遺した土木……布教と民心の安定を図る　15
- 2-3　武将たちの遺した土木……水を治める者，国を治める　18
- 2-4　近代の土木……土木技術者の台頭　21
- 2-5　匠の技・職人の魂……技と魂を受け継ぐ　23
- 2-6　土木遺産……土木の美を遺す　25

第3章 土木工学の基礎知識　　土木の基礎を学ぶ　　29
- 3-1　土質力学-1……土質の基礎知識　30
- 3-2　土質力学-2……土による災害　33
- 3-3　構造力学……外力と応力　36
- 3-4　水文学……雨と流出　42
- 3-5　水理学……水の性質と水の流れ　47

第4章 土木施工一般の共通知識　　現場で学ぶ　　55
- 4-1　土質調査……土の性質を調べる　56
- 4-2　土工……土を動かす　60
- 4-3　のり面施工……切土・盛土のり面の施工と保護　63
- 4-4　軟弱地盤対策……軟弱地盤に対策工法を施す　65
- 4-5　基礎工……構造物を支える　68
- 4-6　土留め工……土圧を抑える　72
- 4-7　コンクリート材料……コンクリートを作る　74
- 4-8　コンクリート施工……構造物を造る　77

■目次

第5章　施工の準備　　計画から発注まで　　83

- 5-1　事業計画……計画を立てる　84
- 5-2　測　量……地形を測り位置を知る　87
- 5-3　設　計……計算をして図面を作る　92
- 5-4　積　算……工事費を計算する　94
- 5-5　契　約……工事を発注，受注する　96

第6章　主な土木工事　　土木が造るすごい物　　99

- 6-1　河　川……水を治めて水を利用する　100
- 6-2　道　路……人や車を通す　107
- 6-3　橋　梁……川や谷や海を渡る　114
- 6-4　ダ　ム……水を貯める　123
- 6-5　トンネル……山や地下を掘り進む　131
- 6-6　上水道……飲み水を確保する　137
- 6-7　下水道……雨水や汚水をきれいに流す　140

第7章　他の土木分野　　他にもある，こんな土木　　145

- 7-1　海洋土木……海辺を護り港を整備する　146
- 7-2　鉄　道……人の移動と物の輸送を支える　151
- 7-3　発電土木……電気エネルギーをつくる　156
- 7-4　農業土木……食糧を確保し自然環境を護る　159
- 7-5　その他の建設分野……土木を支えるその他の産業　161

第8章　施工管理　　良質で安く安全な工事　　165

- 8-1　施工計画……工事の最適な手順を立案する　166
- 8-2　仮設備計画……本工事と同様の重要な設備　168
- 8-3　原価管理……目標は安くて良いものを造る　170
- 8-4　工程管理……最適な工程が品質を作り込む　173
- 8-5　安全管理……労働災害防止の大命題　178
- 8-6　品質管理……規格を満足し，工程が安定する　185
- 8-7　環境管理……現場の環境保全と資源の再生　190
- 8-8　建設機械……土木工事を演出する　195

第9章 法規・法律　　土木技術者の法令遵守　　201

- 9-1　建設業法……建設業のバイブル　202
- 9-2　契約関係法令……公共工事のバイブル　204
- 9-3　労働基準法……労働者のバイブル　206
- 9-4　労働安全衛生法……災害防止のバイブル　208
- 9-5　各種安全衛生規則……安全作業のバイブル　210
- 9-6　道路交通関係法令……道路と車に関するバイブル　212
- 9-7　騒音・振動規制法……静穏生活のバイブル　214
- 9-8　その他の関係法令……他にもあるこんなバイブル　216

第10章 これからの土木　　新しい技術を学ぶ　　221

- 10-1　未知の空間開発……可能性を求めて　222
- 10-2　環境との調和……自然環境との共生を図る　224
- 10-3　土木のストックマネジメント……施設の長寿命化を図る　226
- 10-4　総合技術監理……複数の要求事項を総合的に判断する　228

付録　現場で役立つ土木の基本公式　233
参考文献　241
協力者一覧　242
索　引　243

■土木豆辞典

- 土木に関連する記念日あれこれ　10
- 土木と文学　27
- 旧単位系と国際単位系　53
- 土木の現場でよく使う単位　53
- 土木用語（1）　82
- 土木用語（2）　98
- トンネル工事の言い伝え　144
- 土木用語（3）　164
- あれっ？　似ているな〜　200
- 土木用語（4）　220
- 資格をとろう　231

第1章

土木とは？

土木の由来と役割

築 土

構 木

1-1 土木の由来

■ 土木って何だろう？

土木とは，基礎，基盤を表す**土**と資材あるいは骨組みを表す**木**の2つの言葉からなっているが，そのような直接的な言葉からだけで生まれたものではない．一方で，欧米においては土木とは **Civil Engineering（市民工学）**といわれている．まったく異なる言葉のように思えるが，語源をたどっていくとこの2つの言葉には，市民の暮らしを安定させるという，共通の意識が含まれているのである．

土木の語源

土木の文字の語源として一般にいわれているのは，古代中国において，淮南（えわいなん）国の国王であった劉安（りゅうあん）（BC179～122）がまとめた古典歴史書『淮南子（えわいなんじ）』中巻『十三氾論訓（はんろんくん）』に示されている次の一節からとされている．

> 古者（いにしえ）は民，澤處（たくしょ）し，復穴（ふけつ）し，冬日は則ち，霜雪霧露（そうせつむろ）に勝（た）えず，夏日は則ち暑熱蚊虻（しょねつぶんぼう）に勝（た）えず，聖人（せいじん）及ち作（おこ）り，之が為に土を築（つ）き木を構（かま）へて，以（もっ）て室屋（しつおく）と為（な）し，棟（むね）を上にし，宇（う）を下にして，以て風雨を蔽（おお）ひ，以（もっ）て寒暑（かんしょ）を避（さ）けしめ，而（しこう）して百姓（ひゃくしょう）之を安（やす）んず．

要約すると「昔，人民の多くは穴を掘り生活をしていたが，冬は霜，雪などに苦しめられ，夏は暑さや蚊などに苦しめられていた．そこに聖人が出てきて，土で土台を築き，木材を組み立て家屋を作り，棟を高くし，軒を低くすることにより，風や雨から守り寒さ暑さを避けたので，人々の生活は安定した」

ここから，人民の生活を安定させるための**築土構木**の概念が定着したのである．つまり，土木とは人民のための技術である，ということで，英語のCivil Engineering の概念と一致するのである．

この**築土構木**という言葉は近代に入り定着したもので，それまでは建設工事全般には**普請**という言葉が使われてきた．道路工事，河川工事，築城工事はそれぞれ**道普請**，**川普請**，**城普請**などと呼ばれており，江戸幕府においては土木担当の奉行を**普請奉行**とされていた．

市民工学と軍事工学

● **軍事工学**：工学と呼ばれるものには数多くの分野があるが，これら諸工学の発

展には，特に欧米を中心として，軍事的な要求から発達した要素が大きい．これらは総称して**軍事工学**（Military Engineering）と呼ばれており，機械，電気，化学，通信などの工学分野の発達は，正に軍事工学に寄るところが大きい．
- **市民工学**：一方，戦争による破壊活動の結果，その勝敗にかかわらず生じてくるのが復興に対する要求である．生活，産業の活動の基盤を築き上げること，それこそが市民工学（Civil Engineering），つまり，土木工学の原点である．

土木工学，土木工事および土木技術

- **土木工学**：機械工学，電気工学などと同様の工学の一部門で，道路，橋梁，トンネル，河川，ダム，上下水道，港湾，都市計画などの構造物，施設の基本の理論およびその基礎となる地質，構造，材料，水理，水文などを研究する学問である．
- **土木工事**：一般的には土木工事を略したものが土木であり，上記の道路，橋梁，トンネル，河川，ダム，上下水道，港湾，都市計画などの構造物を築造するために，コンクリート，鋼材，木材および土砂などを使用する工事のことをいう．
- **土木技術**：土木工学の基礎知識を利用して，土木工事を品質が良く，安全かつ経済的に行うための技術であり，各種調査，測量，施工および施工管理そして維持管理までを含めた総合的な技術をいう．しかしながら，科学技術がなかった時代（江戸時代以前）にも，指導者，職人らの勘と経験によって，今なお厳然と生き残る**土木遺産**と呼ばれる築造物も多く見受けられる．科学技術による裏付けはもちろん必要であるが，先人の知恵を評価した土木技術の利用も必要である．

土木事業と公共事業

- **土木事業**：人間が生活するために必要な，道路，電気，通信，上下水道などのライフライン（生命線）を含めた，社会基盤整備をインフラ整備（Infrastructure）といい，これらを土木工事として行うことを土木事業という．
- **公共事業**：上記の土木事業を，国および地方公共団体の財政によって行うことを**公共事業**（Public works）といい，土木事業の代名詞のように扱われる．税金が主な財源となることから，税金の無駄遣いと指摘されないための，投資効果のチェックが重要な課題となる．

1-2 土木の役割

■ 何のため，誰のための土木

　土木とは人々の生活を安定させるための技術であり，生活の基盤を整備し，産業活動の基盤を確立するとともに，災害を未然に防ぐための国土の保全を行うことが土木の主な役割である．しかしながら，人類の生活発展を重視するあまり，生態系環境の劣悪化，異常気象による地球全体規模の環境破壊が進みつつある現在，土木の役割とは，人類はもちろんのこと，この地球という大地に依存する動植物をはじめとするすべての事物，事象について安定的な調和が図られていくことであり，人間のため，生き物のためそして地球のためのものである．

生活の基盤を安定させる

目的・役割	分野	土木関連施設
宅地，住宅など	都市計画，宅地造成	ニュータウン，埋立・人工島，住宅団地
安全，利便など	道路，鉄道	一般道路，街路，遊歩道，地域鉄道線
環境，衛生など	上・下水道	浄水場，下水処理場，パイプライン，清掃工場

産業基盤を確立する

目的・役割	分野	土木関連施設
農林水産業	かんがい排水，圃場整備，森林整備，漁港など	ダム，用水路，排水路，ポンプ場，干拓，農地造成，農道，植林，林道，漁港，養殖施設
工業	工業団地，工業用水	製造工場，化学プラント，上水道，地下水揚水機場
商業	都市計画，区画整理	新都心，駅ターミナル，地下街，郊外大型店舗
交通	道路，鉄道，航空，船舶	高速道路，主要幹線道路，新幹線，橋梁，トンネル，空港，港湾，航路
情報，通信	電話，光，電波，音波	共同溝，ITS，GPS，VICS，電波塔

国土の保全を図る

目的・役割	分野	土木関連施設
治山，治水など	河川，砂防，植林	ダム，河道改修，堤防，護岸，砂防ダム，のり面処理，山腹処理工，林道
災害対策など	地震，地滑り，津波対策，雪害対策	耐震・免震・制振構造物，地盤改良，液状化対策工，防潮水門，スノーシェッド
海岸保全など	港湾，海岸	防波堤，防潮堤，海岸堤防，水門

エネルギーの安定を図る

目的・役割	分 野	土木関連施設
電力	水力, 火力, 原子力	水力発電所, 火力発電所, 原子力発電所
資源確保	石油, ガス, 核燃料	原油備蓄基地, ガス管, 核燃料再処理施設
自然エネルギー	バイオマス, 太陽光, 風力	バイオマス燃料, 太陽光発電, 風力発電, 地熱発電

環境を整備し調和を図る

目的・役割	分 野	土木関連施設
自然環境再生	森林, 河川, 湖沼, 海岸	自然公園, 親水公園, 水質浄化施設, ビオトープ
レクリエーション	山岳, 海岸, 公園, 道路	国立公園, 海浜公園, シーニックバイウェイ
資源循環	廃棄物処理, 再利用	最終処分場, 建設資材再利用（コンクリート, 土砂）

土木の役割のイメージ

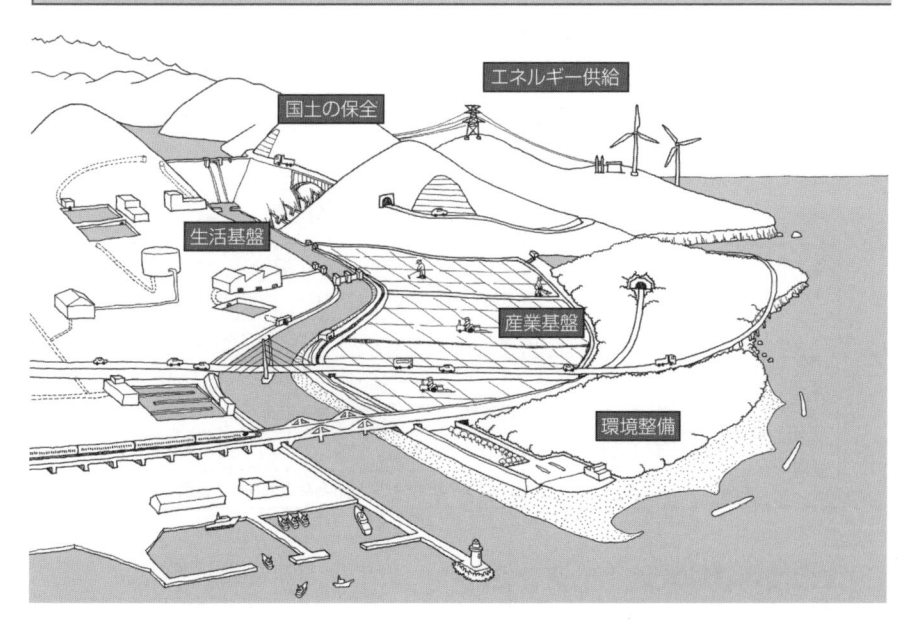

1-3 土木技術者の役割

■ 土木は大地のお医者さん

「土木構造物は生き物である.」という言葉がある.生き物ということで,人に例えれば,その一生において重要な点は,健康,経済,愛情の各面で充実していることである.つまり,丈夫な体として造られ,長生きをし(つまり健康),人々の役に立ち,無駄遣いをせず(つまり経済),親しみ,愛着のもてる(つまり愛情)構造物とすることが重要である.

土木技術者は生みの親・育ての親

このように,生きた構造物を造り上げる土木技術者は,すなわち,生みの親であり,育ての親としての心構えを持つことが重要である.

土木技術者は,構造物ひとつ造るにもしっかりした信念のもとに造り上げ,生む喜び,育てる喜びを味わうべきである.

健康・経済・愛情

人がこの世に生を受け人生を全うするのと同様に,構造物についても,その造られた目的を果たし,人の役に立つように一生を全うしなければならない.

そのためには健康,経済,愛情の三要素が充実していることが必要であり,そこに土木技術者としての技術が必要となるのである.

▼ 健康,経済,愛情の三要素と土木技術者

要素	内容	土木技術者の仕事
健康	丈夫で安全に造る	構造計算,安定計算,土質解析,施工管理など
	長持ちさせる	品質管理,ライフサイクルマネジメントなど
経済	安くて良いものを造る	バリューエンジニアリング,品質管理,施工管理など
	利用価値がある	事前調査計画,設計,経済効果調査など
愛情	多くの人に利用される	住民理解,情報公開,広報,ユニバーサルデザインなど
	愛着のもてる	意匠,ソフトデザイン(命名など),維持管理体制など

土木技術者は大地のお医者さん

土木施設が生き物であるように,その基盤である大地そのものも大きな生き物である.河川が動脈,静脈となり,小河川,小川あるいは沢などが毛細血管として大地の隅々まで行きわたり,道路が骨格を形成し,山地,農地,村,町そして都会が体そのものを形づくっている.

しかしながら，近年，その大地が病んでいる状況に追い込まれている．化石燃料使用による地球温暖化，水資源の枯渇，人為的開発による環境破壊等々枚挙にいとまがない．もちろん，破壊以前の自然の状況に再生を図ることが大前提であるが，それとともに当面の危機も回避しなくてはならない．その対処療法を任されるのが**土木技術者**でなければならない．

大地を患者に見立てた場合に，医者である**土木技術者**は，診断をし，処方箋を作り，治療を施し，時には手術を行う必要もある．予防処置を図ることも重要な課題となる．

▼ 医療行為に例えると

医療行為	医療内容	土木技術・行為
診断をする	問診，触診，各種検査	現地調査，住民意向調査，測量・地質調査，構造物診断
処方箋を作成する	治療法決定，投薬指示	計画設計，実施設計，施工計画
治療をする	外科治療，内科治療	補修，施工管理（品質・工程・安全管理）
手術をする	切除，摘出，整形	構造物施工，造成，干拓
予防をする	助言，指示	住民説明，広報活動，維持管理

▲ 土木は大地のお医者さん

1-4 土木技術者の心構え
■ 広い視野・高所に立つ

　土木は，近年多様化しつつも，土木技術としては細分化，専門化の傾向がみられる．しかしながら，対象となる構造物，施設を造り上げるには，その地域の要求を満たしつつ，数多くの分野の技術を取り入れる必要がある．つまり，土木技術者の心構えとしては，調査計画，設計，施工および管理のいずれのプロセスにおいても対象となる地域を理解し，他分野の知識も保有するとともに，倫理感および使命感を携えた行動が要求される．

地域の履歴書を作る

　他人を理解，評価する材料として履歴書が利用されるように，その地域を広く理解，評価するために，**地域の履歴書**を作成すると良い．

　履歴書の内容としては，下記の項目があげられる．

一般状況	位置，地形，交通，気象，産業などを記す
空間履歴	地域の歴史，文化，伝説，災害などの歴史，経緯を記す
地　名	地名（字名，山，川など）にはその地域を表す特徴が隠されている
地域の要求	構造物，施設などの必要性の内容，理由を記す
評価，判断	地域内のみならず地域外からの評価，判断を行う

地域を俯瞰する

　現場および周囲を，時期と位置を変えて広い視野，高い視点で見る．

現場から周囲を見る	中心に立ち，360度全方向を見渡す
周囲から現場を見る	周囲最低4方向から中心を見渡す
遠くから見る	近隣の山あるいは高層建築などから見渡す
空から見る	航空写真（インターネット検索可能）などを入手する

▲ 航空写真　長島ダム
（提供：前田建設工業）

基礎知識を習得する

　土木構造物は，数多くの技術の集積により完成される．たとえば，河川に道路用橋梁を築造する際に必要な技術としては，土質工学，基礎工，下部構造，上部構造，河川工学，水理学，水文学などの多角的な知識が必要となる．それぞれの専門技術者が他分野の知識を理解しながらまとめ上げて行くことにより，調和のとれた構造物が完成されるのである．

　土木技術者として，習得するべき基礎知識としては下記の分野があげられる．なお，土木工学の基礎知識の詳細については，第3章を参照のこと．

基礎知識	内　容
土質工学	土の種類／土の性質／基礎工／土圧／軟弱地盤／のり面／地下構造／地下水／土工事
構造力学	構造計算／安定計算／材料（コンクリート，鋼材，木材など）
水文学	気象／雨量／流出
水理学	流下計算／開水路／パイプライン／水圧
その他	建設機械／測量／設計／契約／積算

　上記の知識をすべて理解することは困難であるかもしれないが，図書，インターネット検索によりすぐに把握できる手法を身に付けておくことが重要である．

倫理感と使命感

　近年，建設分野をはじめ多くの技術分野において，経済性を追求するあまり，偽装設計，欠陥施設あるいは低品質構造物の建設が社会問題となっている．土木技術者（シビルエンジニア）は，その技術レベルを高く維持するとともに，人々のため，社会のためという使命感をもって行動すべきである．技術士法においても技術士が遵守すべき倫理規定として技術士倫理要綱が定められている．

- **技術士倫理要綱**：「技術士は，公衆の安全，健康および福利の最優先を念頭に置き，その使命，社会的地位，および職責を自覚し，日頃から専門技術の研鑽に励み，つねに中立・公正を心掛け，選ばれた専門技術者としての自負を持ち，本要綱の実践に努め行動する」として，下記の具体的な項目が示されている．

　①品位の保持，②専門技術の権威，③中立公正の堅持，④業務の報酬，⑤明確な契約，⑥秘密の保持，⑦公正，自由な競争，⑧相互の信頼，⑨広告の制限，⑩他の専門家などとの協力

■ 第1章 土木とは？

土木豆辞典

■ 土木に関連する記念日あれこれ……えっ！こんな記念日があるの？

月	日	記念日の名前	制定の由来
4	19	地図の日	1800年閏4月19日，伊能忠敬が蝦夷地の測量に出発した日を記念
5	15	総合治水の日	総合治水推進週間（5月15日〜21日）の初日を設定
6	3	測量の日	「測量法」が1949年6月3日に制定されたことに基づく
	5	環境の日	1972年6月5日，スウェーデンで開催された「国連人間環境会議」を記念
7	1	建築士の日	1950年7月1日「建築士法施行」の制定を記念
	7	川の日	7月7日が七夕伝説の「天の川」のイメージがある
	16	国土交通day	国土交通省設置法の公布日（1999年7月16日）を記念
	20	海の日	国民の祝日（現在は7月第3月曜日）
8	4	橋の日	日付のゴロ合わせ：8, 4（はし）
	9	公園の日	日付のゴロ合わせ：8, 9（パーク）
	10	道の日	1920年8月10日に日本初の第一次道路改良計画がスタートした日
9	10	下水道の日	台風シーズンの220日（立秋後）頃を前提（雨水排除を念頭）
	12	水路記念日	1871年9月12日，海軍部水路局（現海上保安庁水路局）が設置された
	15	治水の日	1947年9月15日のカスリーン台風被害を記憶するため
	20	空の日	1953年9月20日に第1回「航空日」として復活再開された
10	7	水道の日	1887年10月7日，横浜市に初の上水道が完成，給水が開始された
	14	鉄道の日	1872年10月14日に，新橋駅と横浜駅を結んだ日本初の鉄道が開業した
11	**18**	**土木の日**	日付のゴロ合わせ（十一と十八を土木とした）
	22	大工さんの日	複合理由（十一が士（技能士）のイメージ，22日は聖徳太子の命日）
12	30	地下鉄記念日	1927年12月30日に，上野〜浅草に初の地下鉄（営団地下鉄銀座線）が開通

※その他，建設一般を含めて関連する記念日：電気記念日（3/25），左官の日（4/9），世界電気通信記念日（5/17），気象記念日，電波の日（6/1），自然公園の日（7/21），防災の日（9/1），浄化槽の日（10/1），原子力の日（10/26），ガス記念日（10/31），灯台記念日（11/1），技能の日（11/10），鉄の記念日（12/1）

※各地域ごと，各施設ごとに異なる記念日：ダムの日，空港の日，山の日

第2章

土木の歴史

先人に学び技術を継承する

僧侶　土木技術者　為政者　武将

2-1 為政者たちの遺した土木

■ 権力を誇示する

　人類が集団生活を始め，そこに共同体ができ上がると，それを支配するための為政者が生まれ権力が生じてくる．権力者たちは自らの死後もその権力を誇示するための大規模な墓や，外敵からの攻撃を防ぐ城壁，そして安定した生活のための都市づくりを積極的に進めたのである．これらの施設は千数百年を経た今日でも大規模な土木事業に匹敵する土木技術を駆使したものとして残っている．

権力を誇示する古墳

　今から1700年前の3世紀から7世紀の約400年間，王族や豪族が亡くなると土と石を使い大規模な墳墓を盛りたてて行った．世界三大墳墓として，「**エジプトのピラミッド**」，「**中国の秦の始皇帝陵**」とともにわが国の「**仁徳天皇陵**」が世界に誇る文化遺産とともに土木遺産としても受け継がれてきている．

- **仁徳天皇陵**：別名，大仙（だいせん）古墳と呼ばれ，大阪府堺市にある日本最大の前方後円墳である．北側の「**田出井山古墳**（反正天皇陵）」，南側の「**ミサンザイ古墳**（履中天皇陵）」とともに百舌鳥耳原三陵（もずみみはら）と呼ばれ，現在そのうちの中陵として宮内庁が管理している．周囲には主墳に付属する陪塚をはじめ大小50基近くの古墳からなる百舌鳥古墳群が約4km四方に広がっている．

　土木工事規模からみると，総面積約48ha，築造土量は140万m³となり，当時で毎日2 000人の労働力で16年以上を要しており，現在の建設機械を駆使したとしても，数年がかりの大規模な土木工事となることが推測される．現在も三重に巡らされた濠には水が湛えられ，当時の土木技術の高さをうかがうことができる．

▼ 仁徳天皇陵（前方後円墳）の規模

項目	諸元	項目	諸元
総面積	478 572 m²	外周	2 718 m
総容積（現在）	1 367 千m³	総容積（当時）	1 407 千m³
最大長	840m	最大幅	654 m
墳丘の全長	486m	基底部の面積	103 410 m²
後円部の直径	249m	後円部の高さ	35m
前方部の幅	305m	前方部の長さ	237m
前方部の高さ	33m	築造年代	5世紀

（提供：堺市博物館）

外敵の侵入を防ぐ城壁・濠

　生活基盤としての都市が形成されてくると，次に権力者たちは領地の拡大を画策し，侵略戦争が勃発するようになる．外敵からの攻撃・侵入を防ぐために造られたものが石積みの城壁であり，それに沿って掘られた濠である．

　世界的には中国の**「万里の長城」**が有名で，紀元前から 2000 年余りの歴史の中で，各時期の権力者たちは修築を続け，全長 5 万 km を超えるまでになった．現存するものでも約 7 300 km の長城が残っており，世界最大級の土木工事とされている．

　わが国の城壁として有名なものは，沖縄の琉球王朝時代に築造されたグスク（城）と呼ばれるもので，この石積みの技術は，後に本土の戦国時代の築城における石垣へと受け継がれ，今日においても石積擁壁の技術として利用されており，各地の有名城址の石垣として残されている．

　　（a）今帰仁城石垣（提供：大井啓嗣）　　　　　　（b）駿府城址

▲ 城壁と濠

平安京の都市づくり

　平安京は，794 年（延暦 13 年）に桓武天皇により定められた日本の首都である．

　京内は東西南北に走る大路（約 24 m）および小路（約 12 m）によって約 120 m 四方の**「町」**に分けられていた．東西方向に並ぶ町を 4 列集めたものを**「条」**，南北方向の列を 4 つ集めたものを**「坊」**と呼び，同じ条，坊に属する 16 の町にはそれぞれ番号が付けられていた．現在でも都市計画策定技術の参考にされている．

■ 第2章 土木の歴史

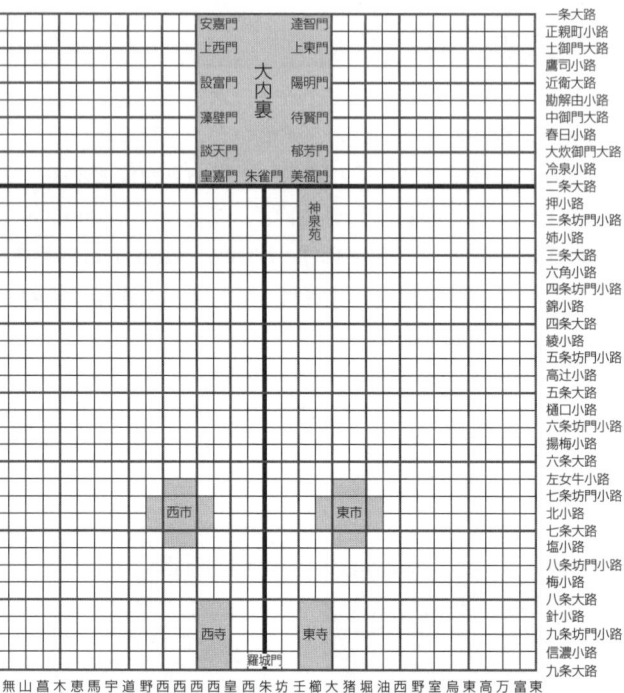

▲ 平安京

2-2 僧侶たちの遺した土木
■ 布教と民心の安定を図る

　仏教の伝道のために全国各地を歩いた僧侶たちは，人々の生活の苦しさに触れ，彼らを救済し，生活の安定と向上に努めるため，中国から伝わる土木技術を活用し，かんがい用貯水池，道路，橋，港などの建設，改修に力を注いだ．これら施設は千年以上を経た今日でもその機能を発揮している．

行基（668〜749年）

　奈良時代に活躍した僧侶で，主に近畿地方を中心に仏教の教えをもとに貧民救済や洪水対策施設，かんがい用ため池，架橋などの社会事業を行った．

- **行基の関わった建造物**：行基の業績として，1200年後の現在も利用されている施設は数多く残っている．

名　称	内　容
昆陽池（こやいけ）	洪水対策と灌漑用貯水池の多目的ダム形式で，現在も上水道貯水池として利用
狭山池（さやまいけ）	日本最古のダム式貯水池で，現在も治水ダムとして利用
久米田池	行基開山の龍臥山隆池院久米田寺の前にある池をかんがい用に掘削
摂播五泊	摂津から播磨にかけて5つの港を整備（河尻泊・大輪田泊・魚住泊・韓泊・室生泊）
東大寺大仏	聖武天皇の命により，大仏造営の勧進（材木，金銭の寄付および労力奉仕の管理）

- **行基図**：わが国初めての日本全図を作ったといわれ，現在確認することのでき

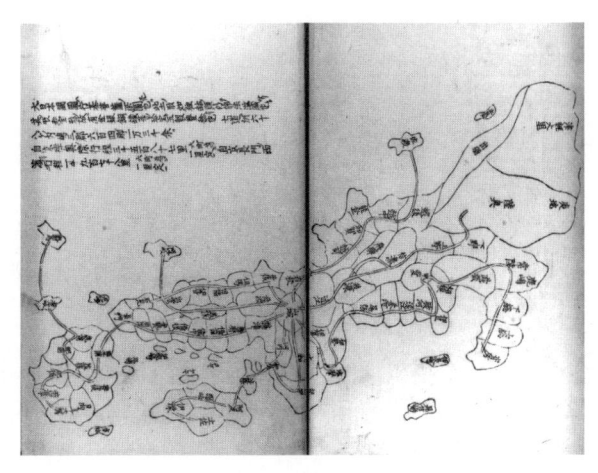

▲ 行基図（筑波大学付属図書館所蔵）

るものではもっとも古いものである．その後も改修を重ねながら，伊能図ができるまでの間，ながく日本地図の標準図として利用されてきた．

空海（のちの弘法大師，774～834年）

たびたび洪水被害が発生する，ふるさと讃岐の農民の救済のために，日本最大のため池「満濃池」をはじめいくつかの施設を修築した．

名　称	内　容
満濃池	中国から学んだ土木技術を駆使したため池で，水圧を分散する「アーチ形堤防」と決壊防止の「余水吐」を採用し，このため池の基本形は現在に至るまで継承されている．
益田池	干ばつに備えて川を利用して造ったもので，空海の書いたといわれる碑銘が残る．
大輪田泊	瀬戸内の重要な港で，遣唐使船の寄港地でもあり，のちの神戸港となる．

重源（1121～1206年）

中国で建築・土木技術を習得し，源平の騒乱で焼失した東大寺の復興を果たした．その間にも荒地を整備した農地開発や，行基の整備した河尻泊・大輪田泊・魚住泊の修築を行った．

禅海（1687～1774年）

諸国遍歴の旅の途中，大分県中津市にある耶馬渓において鎖渡しと呼ばれる難所で命を落とす人馬をみて，村人のために安全な道を造ることを決意した．ノミと槌だけで30年もの長い歳月をかけて全長約342mの洞門を掘り抜き，1763年に完成した．この逸話をもとにして菊池寛の『恩讐の彼方に』が書かれ，**青の洞門**はこの小説の中で命名されたものである．

▲ 満濃池（提供：満濃池土地改良区ホームページ）

▲ 青の洞門（提供：中津市）

鞭牛（1710〜1782年）

　鞭牛が46歳のときに三陸，閉伊地方を襲った飢饉により，古来より陸の孤島であったこの地方のあまりの被害の大きさに，内陸との往路を築く事を決意した．三陸沿岸の海辺道をはじめ，宮古から盛岡に至る道路（現在の国道106号線の元となる）などの開削に生涯をささげた．ノミや玄翁（げんのう）といった基本的な道具を使用し，鞭牛が73歳で没するまでに開かれた道路の総延長は，およそ400 kmとなった．

■ *Coffee Break*

いい湯だな〜

　僧侶たちが日本全国を旅している間に，発見したとされる温泉が数多くある（ただし，これらの中には開湯伝説を作った際に名前が使われただけのものもあるとされる）．

　行基と空海にまつわる温泉を以下に示す．

行　基	空　海
作並温泉（宮城）	あつみ温泉（山形）
東山温泉（福島）	大塩温泉（福島）
芦ノ牧温泉（福島）	芦ノ牧温泉（福島）
草津温泉（群馬）	出湯温泉（新潟）
藪塚温泉（群馬）	瀬戸口温泉（新潟）
野沢温泉（長野）	清津峡温泉（新潟）
渋温泉（長野）	関温泉（新潟）
湯田中温泉（長野）	燕温泉（新潟）
山代温泉（石川）	川場温泉（群馬）
山中温泉（石川）	法師温泉（群馬）
吉奈温泉（静岡）	修善寺温泉（静岡）
谷津温泉（静岡）	伊豆山温泉（静岡）
蓮台寺温泉（静岡）	湯村温泉（山梨）
三谷温泉（愛知）	鹿塩温泉（長野）
木津温泉（京都）	海の口温泉（長野）
関金温泉（鳥取）	赤引温泉（愛知）
塩江温泉（香川）	龍神温泉（和歌山）
有馬温泉（兵庫）	関金温泉（鳥取）
湯河原温泉（神奈川）	湯免温泉（山口）
	東道後温泉（愛媛）
	杖立温泉（熊本）
	熊の川温泉（佐賀）
	波佐見温泉（長崎）

2-3 武将たちの遺した土木

■ 水を治める者，国を治める

　戦国時代の武将たちは，その権力の維持のために武力の増大を図るとともに，国力の安定，すなわち生産基盤の整備に重点をおき，領民の生活の安定を図った．

　「水を治める者，国を治める」といわれ，治水に重点を注いだ武田信玄，加藤清正は，勇猛な武将というよりも地域の恩恵者として，現在でもその地域の人々に忘れがたい人物として尊敬されている．彼らの治水技術とともに，天下を統一し太平の江戸時代を築き，治水，利水のみならず，舟運をも目的として，利根川の流れを変えてしまった徳川家康の河川技術は数百年を経た現在でも，土木技術の原点として残されている．

武田信玄（1521～1573年）

○ 信玄堤（しんげんづつみ）

　甲府盆地に流入する急流である釜無川（かまなしがわ）は，古来から大洪水を引き起こしていた．約450年前，武田信玄は甲府盆地一帯を洪水の直撃から避けるため，御勅使川（みだいがわ）の下流に「**石積出し**」，「**将棋頭**」を設け，水流を二分させるとともにその流れを釜無川の本流と衝突させ，合流した水を高岩（竜王の鼻）にぶつけ流勢を減殺した．さらに水勢を弱めるため堤防の一番堤から八番堤まで各堤を川の中心に向け斜めに突き出し，対岸にも「**出し**」を設けた．この堤の形体が雁の飛ぶ様子に似ていることから「**雁行堤**」と呼ばれ，また，はっきりした直線でない不連続で重複した様子があたかも霞のようであることから，この築堤方式は「**霞堤**」方式と

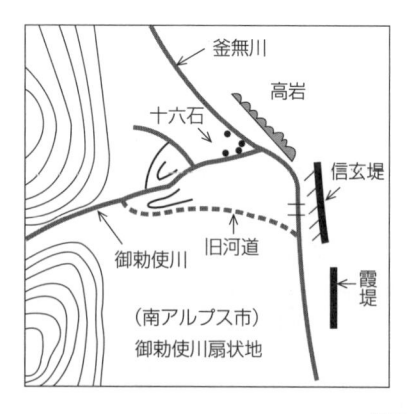

▲ 信玄堤（霞堤）

呼ばれている．これら壮大な洪水処理システムは甲州流防河法と呼ばれ，その最大のシンボルが信玄堤であり，今なお河川土木技術の手本とされている．

加藤清正（1562〜1611年）

　肥後入国（1588年）以来，数多くの偉業を成し遂げ熊本の礎を築き，清正公さん（せいしょこさん）と呼ばれ，今なお県民最大の英雄と崇められている．河川改修，新田開発に大きな実績を残し，自らの陣頭指揮により工事を行い，清正独特の多くの治水技法を生み出した．現在の河川工法においても参考となる技術として以下のものがある．

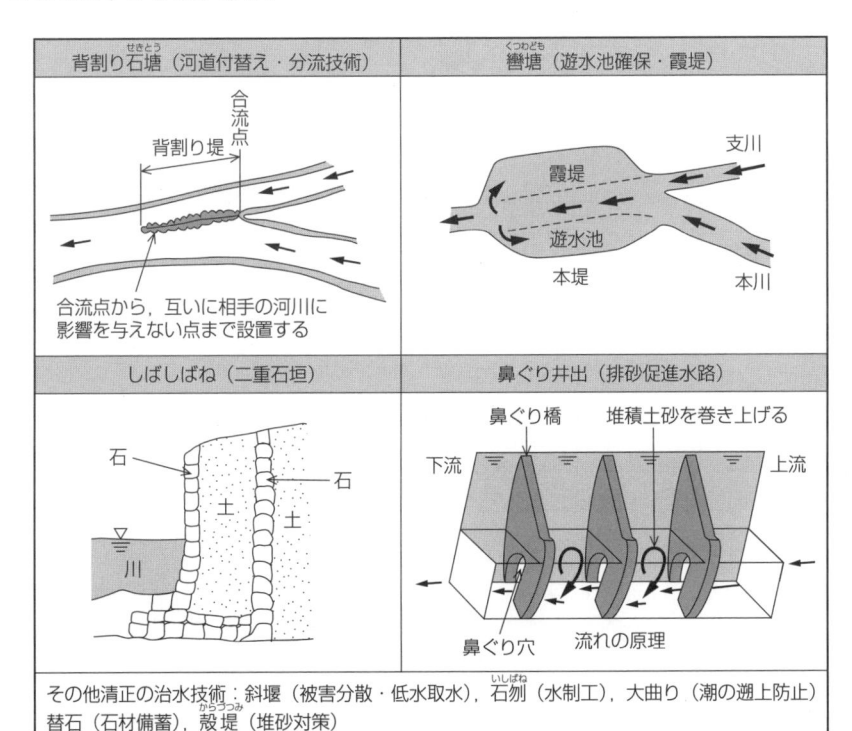

（図：背割り石塘（河道付替え・分流技術），轡塘（遊水池確保・霞堤），しばしばね（二重石垣），鼻ぐり井出（排砂促進水路））

その他清正の治水技術：斜堰（被害分散・低水取水），石刎（水制工），大曲り（潮の遡上防止），替石（石材備蓄），殻堤（からつつみ）（堆砂対策）

徳川家康（1542〜1616年）

　利根川の東遷は，徳川家康の命令で行ったもので，60年の歳月（1594〜1654年）をかけて完成し，わが国最大の流域面積を誇る河川，利根川が誕生した．

- **利根川東遷事業の目的**：①江戸を水害から守る．②江戸の食糧確保のための新田の開発を行う．③東北から関東への物資輸送のための舟運を確保する．④東北諸藩に対する軍事防備としての外濠の役割を持たせる．

- **利根川東遷工事**：当時，栗橋付近から江戸湾に流れていた利根川の流れを東に移し，台地を切り通して赤堀川としたほか，常陸川と多くの湖沼を結びつけて銚子に流すものであり，同時に江戸川，荒川，鬼怒川，小貝川，新利根川などの付替え，開削が行われ現在の河川の基本が形成された．

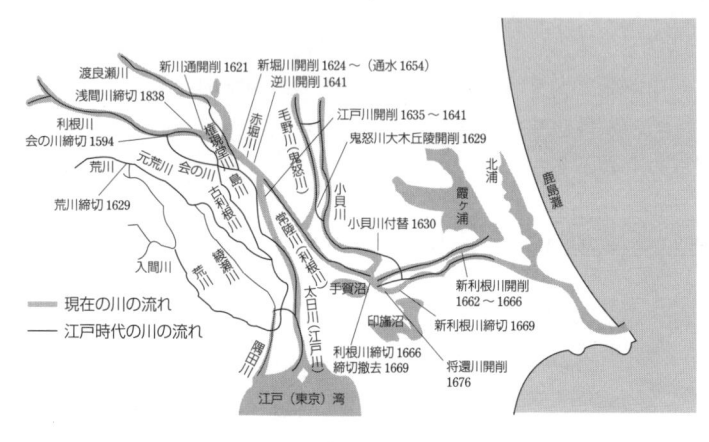

▲ 利根川の瀬替え

2-4 近代の土木

■ 土木技術者の台頭

　長かった鎖国の時代から解放され，土木の分野においても外国の近代的な技術が採用されるようになったが，ほとんどの土木事業はこれら先進国の技術者に頼らざるを得なかった．そのような時代の中で土木のロマンを追い続け，日本の国土の礎を築くべく，近代土木技術の「独立」を図った技術者たちがいた．

土木のロマンを追い求めた技術者たち

　今も残る「土木の大プロジェクト」と呼ばれるもののほとんどは，明治から昭和にかけて，土木のロマンを追い求めた技術者たちの作品であることが多い．

人名	活躍年代	主なプロジェクト	内容
田辺 朔郎（たなべ さくろう）	明治～大正	琵琶湖疎水工事 北海道鉄道工事 関門海底トンネル	学生時代（現東京大学工学部）の卒業論文を基に，工事責任者として疎水事業を完成させ，その後，鉄道，トンネル工事の発展に力を注いだ．
廣井 勇（ひろい いさみ）	明治～大正	小樽港築港	札幌農学校卒業後，欧米で土木技術を学び，小樽港防波堤工事の陣頭指揮をとった．その後，全国の橋梁工事にも力を発揮した．
釘宮 磐（くぎみや いわお）	明治～昭和	関門海底トンネル	東京帝国大学卒業後，国鉄に入社，関門トンネル工事の責任者となり，シールド工法の採用により，世界初の海底トンネル工事を完成させた．
青山 士（あおやま あきら）	明治～昭和	大河津分水路 荒川放水路	東京帝国大学を卒業後，パナマ運河工事に従事し世界最先端の技術を学び，帰国後，荒川放水路，大河津分水路工事の指揮をとった．
宮本 武之輔（みやもと たけのすけ）	大正～昭和	大河津分水路 荒川放水路	内務省入省後，河川改修に従事し，荒川放水路，大河津分水路の現場責任者として活躍した．
赤木 正雄（あかぎ まさお）	大正～昭和	常願寺川砂防工事	東京帝国大学を卒業後内務省に入省，自費でヨーロッパにわたり砂防技術を習得する．帰国後，立山砂防をはじめ日本の砂防技術を確立した．
永田 年（ながた すすむ）	大正～昭和	佐久間ダム	電源開発理事として，佐久間ダム建設の陣頭指揮をとった．当時としては初の大型重機を導入し，わずか3年で大プロジェクトを完成させた．

建設業を興した技術者たち

　現在，大手ゼネコンと呼ばれる総合建設業が日本の建設業の中心となって活躍しているが，談合問題をはじめとして，風当たりは決して良いものではない．
　しかしながら，これらゼネコンの歴史をたどると，創業者と呼ばれる人たちは，明治維新の頃，土木あるいは建築の技術者（職人）として情熱をもって会社を興した，建設業界の草分け的存在といわれる人たちである．

創業者	会社名（創業年）	内容
清水　喜助	清水建設 (1804)	大工職人から身を立て，江戸城西の丸造営工事で名をあげ，西洋建築にも力を入れ，築地ホテル，三井組ハウスを作った．
鹿島　岩吉	鹿島建設 (1874)	大工棟梁として時代の流れを見据え，洋風の建築工法を習得，実績をあげた．その後土木に進出，鉄道，トンネルに活躍した．
大倉　喜八郎	大成建設 (1873)	財界活動から請負業を創立し，新橋停車場工事をはじめ皇居造営，帝国ホテルなどの多くの国家的大工事を手がけた．
飛島　文吉	飛島建設 (1883)	石工職人として苦労の末，創意工夫の才能を発揮し，各地の水力発電所，鉄道工事および鬼怒川堤防工事を手がけた．
西松　桂輔	西松建設 (1874)	西松一家として一族郎党を率い，鹿島組，間組との強い協力関係のもと，鉄道工事を中心とした土木請負業に徹した．
間　猛馬	間組 (1889)	明治維新の激動の中，鉄道土木の技術を身につけ，鹿児島線，山陽線，南海鉄道線工事などの請負により会社の基盤を築いた．
大林　芳五郎	大林組 (1892)	丁稚奉公から始まり傑出した努力で大林組を立ち上げ，大阪港築港工事，赤レンガの東京駅などの歴史的大工事を完成させた．
水野　甚次郎	五洋建設 (1896)	前身の水野組を創立し，海洋土木を中心に実績を伸ばす．スエズ運河改修工事でマリコンとしての地位を確立した．
熊谷　三太郎	熊谷組 (1898)	石材業者として飛島組の発電所工事に参画，その後独立し会社を設立，三信鉄道工事で難工事のトンネル，橋梁を完成させた．
前田　又兵衛	前田建設工業 (1919)	飛島組で土木技術の基本を学び，その後独立し，高瀬川発電所を初めとして，国内の多くのダム建設に実績を残した．
奥村　太平	奥村組 (1921)	森本組から独立し，戦後には大阪のシンボル通天閣を完成させた．以降，トンネル，ダムとともに近代建築にも実績を残している．

　上記以外のゼネコンでも，建築が主体の「竹中工務店」，「戸田建設」および旧財閥系の三井建設（1887年，西本組として創業）と，住友建設（別子銅山土木と静岡中心の勝呂組が合併）が2003年に合併した三井住友建設が特筆される．

2-5 匠の技・職人の魂

■ 技と魂を受け継ぐ

　土木工事においては，中心となってプロジェクトを進めていく土木技術者も重要であるが，何よりも忘れてならないのは，現場の最前線で汗を流す職人といわれる技術者たちである．彼らは昔からの伝統的な優れた技法を現代に伝えるとともに，時には生命の危険にも立ち向かいながら，難工事といわれた数々の大プロジェクトを成し遂げてきたのである．

石積みを日本の文化に作り上げた石工職人の匠の技

　地震国日本において，四百数十年の歴史を刻みつけた皇居外濠周辺をはじめとする，近世の城の石垣の美を残したのは，穴太衆（あのうしゅう）と呼ばれる石工の集団である．穴太衆の石積みは全国の城郭の80%を占めるが，いま，その技術を継承しているのは，比叡山延暦寺の門前町で14代を継承する粟田家のみとなっている．

　13代粟田万喜三（1911～1990年）は，石積みの技術が衰えつつあるときに，名城や名刹などの歴史遺産を手厚く補修し，さらに後世に伝えるべく，石積みを日本の文化に位置づけた．「適石適所」，「石の声を聞け」といった石工職人魂は，14代石匠を継いでいる粟田純司に受け継がれている．

▲ 竹田城（提供：粟田建設）

働く者の安全を確立した足場職人の意地

　造船工場の臨時工として従事していた**小野辰雄**（1940年～）は，建造中の現場で何人もの職人が墜落事故などで犠牲となる瞬間を目の当たりにして，安全な足場づくりを目指すようになった．1968（昭和43）年6月，小野は日綜産業を設立，建設産業に進出し，軽量，多機能性の技術とともに安全，信頼も取り入れた新製品の開発に情熱を注ぎ込んだ．その後，小野は「職人の教養を高め，地位の向上を図りたい」という意志のもと**職人大学構想**を企画し，2001（平成13）年4月にその道のプロ職人を育成するための**ものつくり大学**の設立にこぎつけた．

世紀の工事黒四ダムを可能にしたトンネル職人の魂

　世紀の土木事業として今も語り継がれているのが，関西電力が人跡未踏の黒部

第2章　土木の歴史

川上流に建設した**黒部第四発電所**（別名クロヨンダム）である．この黒四ダムへの資材運搬用道路として計画されたのが長野県側から北アルプスの山塊を貫通する全長 4 km の大町トンネルである．1968（昭和 43）年に上映され感動を呼んだ，石原裕次郎主演の『黒部の太陽』は，トンネルの中間点付近で遭遇した破砕帯に挑んだ男たちの壮絶なドラマであった．この裕次郎のモデルとなったのが，トンネル人生 60 年を超える**笹島信義**（1917 年～）である．笹島は熊谷組のトンネル下請業者であり，トンネル掘削のベテラン職人たちを集めた笹島班の班長としてこの工事に取り組んだ．破砕帯に遭遇した笹島は，永年の経験と勘，そして何よりもトンネル職人としての意気込みで，70 m の破砕帯を 7 ヶ月間かけて突破した．

（a）黒部第四発電所　　　　　（b）大町トンネル

▲ 世紀の土木事業

命がけの橋架けに求めたとび職人のロマン

橋梁や鉄塔の建設工事において危険な高所で組立・設置作業を任されるのがとび職人である．**星野幸平**（1915～2001 年）は，とび職に弟子入り後，日本一の橋架けとびへの夢を追い求め，全国の明石海峡大橋，若戸大橋，瀬戸大橋など 100 余の橋を架け，1997 年には職人としては初の土木学会技術功労賞を受賞した．

他にも多くの「縁の下の力持ち」

土木工事においては，多くの専門職人の経験，技術が必要とされる．彼らは，縁の下の力もちとして，自分の仕事が終了すると，その工事の完成を見ることなく，また，次の現場へと移動していくのである．主に下記のような職種がある．

とび工	石 工	ブロック工	鉄筋工	鉄骨工	塗装工	溶接工	潜かん工	さく岩工
トンネル工	橋梁工	軌道工	型枠工	大 工	左 官	配管工	はつり工	防水工

これらの職種では国土交通省における作業員単価において，一般よりも単価が高く設定されている．

2-6 土木遺産

■ 土木の美を遺す

　本章で述べてきた土木の歴史の中で，先人たちがつくり，育んできた歴史的土木構造物は，地域の自然や歴史，文化を中心とした地域資産の核として根づき，その風景とともに個性ある地域づくりを演出している．

　現代の土木技術者は，これら土木技術に関する数々の英知と経験の蓄積を，先人の価値ある遺産として後世に引き継いでいかなければならない．

　土木遺産の認定制度は，特に公式なものとして全国的に統一されたものではないが，土木学会をはじめとする各種団体における認定，あるいは各地域による指定などが行われている．以下に代表的な事例を各土木分野別に示す．

芦安堰堤（山梨県南アルプス市）	丸沼ダム（群馬県片品村）
・砂防ダム：下段重力式，上段アーチ式 ・1916年 ・国指定文化財・土木学会選奨	・電力ダム：RCバットレスダム ・1937年 ・国重要文化財・土木学会選奨

（提供：東京電力）

琵琶湖疏水（京都府京都市）	那須疏水（栃木県那須塩原市）
・水道用水：石積み ・1888年 ・国指定史跡	・農業用水：石造水門 ・1885年〜1976年（1次〜4次）

（提供：村上広）　（提供：那須野ヶ原土地改良区連合）

■ 第2章 土木の歴史

日本橋（東京都中央区）	余部鉄橋（兵庫県香住町）
・道路橋：石アーチ，御影石，鋳鉄柱 ・1991年 ・国重要文化財	・鉄道橋：鋼トレッスル橋脚，石基壇 ・1912年（2010年8月新橋へ切替．旧橋は一部保存） ・橋百選
	 （提供：大井啓嗣）
天城隧道（静岡県伊豆市）	清水トンネル（群馬県水上町）
・道路トンネル：石積トンネル ・1904年 ・国重要文化財 	・鉄道トンネル：コンクリートブロック ・1931年 

大河津分水（新潟県燕市）	羽村堰（東京都羽村市）
・分水堰：RC堰 ・1922年―洗堰，1931年―可動堰 ・国有形文化財	・水道取水：コンクリート堰 ・1911年
 （提供：信濃川大河津資料館）	

土木豆辞典

■ 土木と文学……土木はロマンだ

土木には，歴史があり，文化があり，そして何よりもロマンがある．そこに文学が生まれるのである．土木技術者をテーマにしたもの，一大プロジェクトを取り上げたものなど数多くあるが一部を紹介する．

作者名	題名	内容
田村 喜子	京都インクライン物語（山海堂）	疲弊した京都の活性化のために計画された琵琶湖疏水の工事に携わった青年技術者田辺朔郎を描いた小説（第1回土木学会著作賞受賞作品）
	北海道浪漫鉄道（新潮社）	琵琶湖疏水を完成させた田辺朔郎が，帝国大学教授の座を捨て，北海道の1 600 kmに及ぶ鉄道建設の苦難を描いた小説
	他に「物語分水路」，「関門とんねる物語」，「土木のこころ」，「野洲川物語」など土木技術者の活躍を描いた作品が多数ある．	
曽野 綾子	湖水誕生（中央公論社）	高瀬川水力開発をテーマに，高瀬ダム工事における土木技術者の苦労を13年の取材活動を通じて描いた記録小説
	無名碑（読売新聞社）	土木技師三雲竜起が過酷な条件と闘いながら，只見川田子倉ダム，名神高速道路，タイのアジアハイウェイの建設に挑んだ物語
新田 次郎	剣岳（点の記）（文藝春秋）	剣岳山頂の三角点設置に従事した測量技術者たちの，登頂に絡む苦労話を描いた小説（2009年映画化予定）．
	富士山頂（文藝春秋）	気象庁技師の著者が携わった富士山頂の気象レーダ建設にまつわる自伝的小説（NHKプロジェクトX：第1回放映作品）．
吉村 昭	高熱隧道（新潮社）	戦時体制の中で多数の死者を出しながらも強行した，黒部川第三発電所トンネル工事の過酷な状況をリアルに描いた記録文学
杉本 苑子	孤愁の岸（講談社）	濃尾平野を流れる木曾三川の「宝暦治水工事」に携わった薩摩藩藩士たちの苦悩を描いた時代小説
高崎 哲郎	明治から大正にかけて活躍した技術者「廣井勇」，「青山士」，「宮本武之輔」を評伝として描いたほか，土木を中心とした作品が多数ある．	
三宅 雅子	パナマ運河開削に心血を注いだ，日本人技師・青山士の進取と苦闘の青春を描いた「熱い河」，オランダ人水工技師デ・レーケの半生を描いた「乱流」など多数ある．	

第 3 章

土木工学の基礎知識

土木の基礎を学ぶ

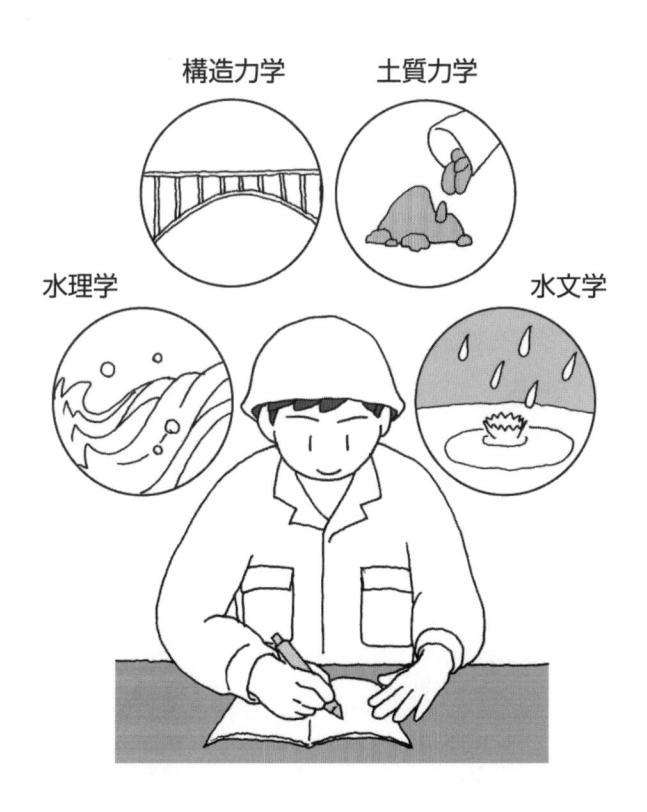

構造力学　土質力学

水理学　水文学

3-1 土質力学-1

■ 土質の基礎知識

　土木構造物は一般的には，土の上あるいは土の中に設置されるものであり，土の性質が重要な要素を占める．

土の性質

　土の主な物理的な性質を表すと，下記のようになる．

- **粒度組成**：ふるい分け試験により，土粒子の粒径を調べ土の分類をする．

	1 μm	5 μm		74 μm	0.42 mm	2.0 mm	5.0 mm	20 mm	75 mm	30 cm
コロイド	粘土		シルト	細砂	粗砂	細礫	中礫	粗礫	コブル	ホルダー
				砂		礫				
土質材料								岩石質材料		

▲ 粒径区分とその呼び名（日本統一土質分類）

- **主な物理的性質**：土は固体（土粒子），液体（水），気体（空気）の3つの相からなり，図のように構成される．主な物理的性質は下式で表される．

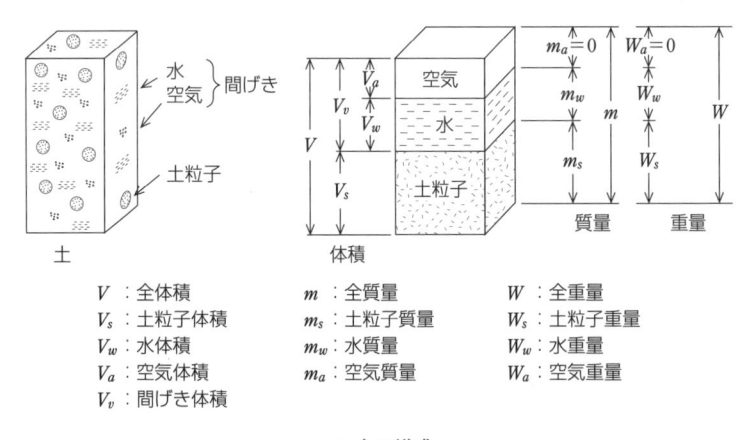

V：全体積　　m：全質量　　W：全重量
V_s：土粒子体積　m_s：土粒子質量　W_s：土粒子重量
V_w：水体積　　m_w：水質量　　W_w：水重量
V_a：空気体積　m_a：空気質量　W_a：空気重量
V_v：間げき体積

▲ 土の構成

- 土の含水比・間げき率・飽和度

$$含水比\ w = \frac{W_w}{W_s} \times 100\ [\%]$$

$$間げき比\ e = \frac{V_v}{V_s}$$

間げき率 $n = \dfrac{V_v}{V} \times 100$ 〔%〕

飽和度 $S_r = \dfrac{V_w}{V_v} \times 100$ 〔%〕

- 土の密度と単位重量

乾燥密度 $\rho_d = \dfrac{m_s}{V}$ 〔t/m³〕

乾燥単位体積重量 $\gamma_d = \dfrac{W_s}{V}$

湿潤密度 $\rho_t = \dfrac{m}{V}$ 〔t/m³〕

湿潤単位体積重量 $\gamma_t = \dfrac{W}{V}$

- 一般の土の湿潤密度

ρ_t 〔kN/m³〕	沖積世粘性土	沖積世砂質土	洪積世粘性土	関東ローム	泥炭
	13〜18	16〜20	16〜20	12〜15	8〜13

構造物に働く土の力

- **土圧と水圧**：構造物が土と接する面（壁）には，土の圧力と土に含まれる水の圧力および地表に働く載荷重の圧力が作用する．

▼ 構造物に働く土圧

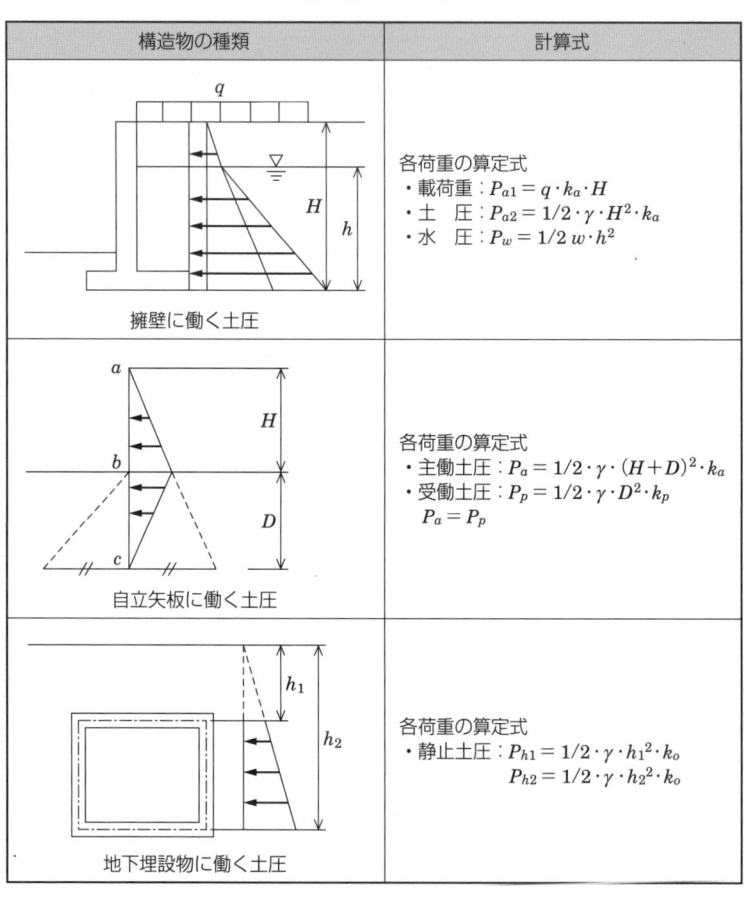

構造物の種類	計算式
擁壁に働く土圧	各荷重の算定式 ・載荷重：$P_{a1} = q \cdot k_a \cdot H$ ・土　圧：$P_{a2} = 1/2 \cdot \gamma \cdot H^2 \cdot k_a$ ・水　圧：$P_w = 1/2 \, w \cdot h^2$
自立矢板に働く土圧	各荷重の算定式 ・主働土圧：$P_a = 1/2 \cdot \gamma \cdot (H+D)^2 \cdot k_a$ ・受働土圧：$P_p = 1/2 \cdot \gamma \cdot D^2 \cdot k_p$ 　　　　　$P_a = P_p$
地下埋設物に働く土圧	各荷重の算定式 ・静止土圧：$P_{h1} = 1/2 \cdot \gamma \cdot h_1^2 \cdot k_o$ 　　　　　$P_{h2} = 1/2 \cdot \gamma \cdot h_2^2 \cdot k_o$

- **土圧係数 K**：土中において垂直圧力が水平圧力に作用する割合を示し，クーロンあるいはランキンの土圧係数として表され，土質の種類によって異なる．土圧の作用の状態により，主働土圧係数 k_a，受働土圧係数 k_p，静止土圧係数 k_o の3種類がある（一般的な土の主働土圧係数で 0.3〜0.5 程度）．

3-2 土質力学-2

■ 土による災害

　毎年のように，台風，洪水，地震などによる自然災害が多く発生している．この原因の主なものは，地盤および土に含まれる水に影響される．

液状化現象

　液状化現象とは，地下水が高く，水を多く含んだ均質な砂質地盤において，地震の振動により，水と同時に砂が地表面に吹き出す現象である．

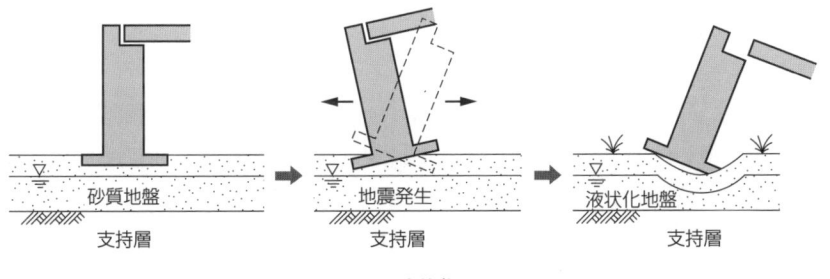

▲ 液状化

- **液状化の原因**：飽和した砂が強い振動を受けると土粒子間の摩擦力が減少し，地盤全体が砂の混ざった液体の状態となる．
- **液状化の被害**：過去の大きな地震での被害は下記のタイプがある．

被害発生状況	発生した地震
大きな浮力が働き電気，ガス，水道管のライフラインや地下タンクが浮上し，損壊または倒壊した．	宮城県沖地震 日本海中部地震
地盤のせん断強度がなくなり，地盤支持力の低下，重量構造物や盛土の大沈下，滑動が発生した．	新潟地震
傾斜地盤で流動的なすべり，あるいは大きな水平変位が発生した．	伊豆大島近海地震

- **液状化の対策**：液状化を防止するには，①杭を液状化の影響を受けない支持層まで打設する，②砂質地盤を締め固めるか地盤改良をする，③地下水を下げるか除去する必要がある．

■第3章　土木工学の基礎知識

▲ 支持杭打設工法
支持層までの杭を打つ

▲ 地盤改良工法
固結材などで砂質地盤を改良する

▲ 止水壁工法
止水壁によって周囲の地下水の浸入を防ぎ地下水位を下げる

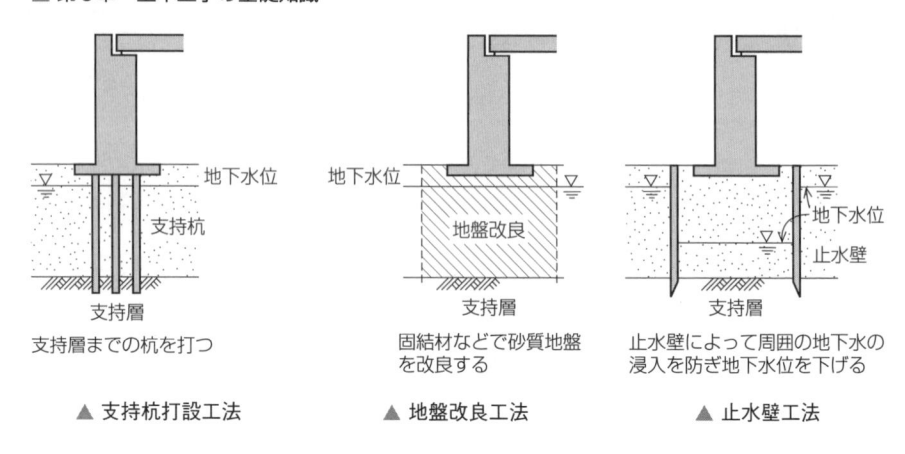

地すべり

　山間地が多い国内では，毎年のように地すべりが発生し，地域住民への人命を含めた多大な被害が発生している．原因として地層の性質が大きく関係している．

- **地すべりの原因**：山地あるいは傾斜地においては，土の持つせん断力に対して摩擦力で対抗して安定を保っている．しかしながら，砂岩，泥岩などの脆弱な地層が降雨などの浸透により，地下水で飽和されると摩擦力が減少しすべりが発生する．

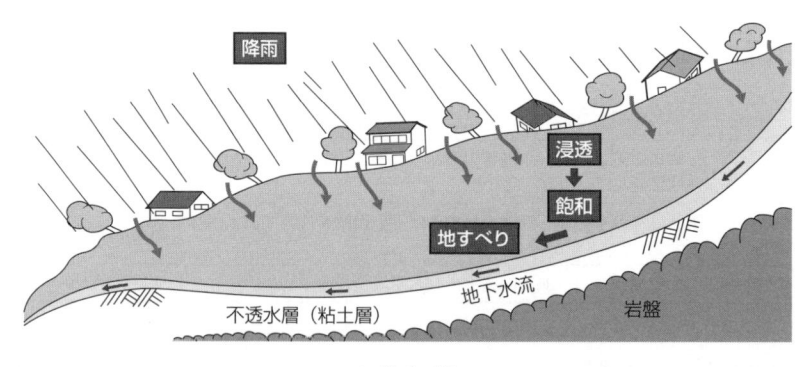

▲ 地すべり

- **地すべり防止対策**：対策工法としては大別して2つの工法がある．

対　策	具体的工法
地下水を排除する	排水トンネル，水抜きボーリング，集水井，床止め，排水路設置
地すべりの動きを止める	杭打ち工法，アンカー工法，擁壁工法，土留め工法，押え盛土

34

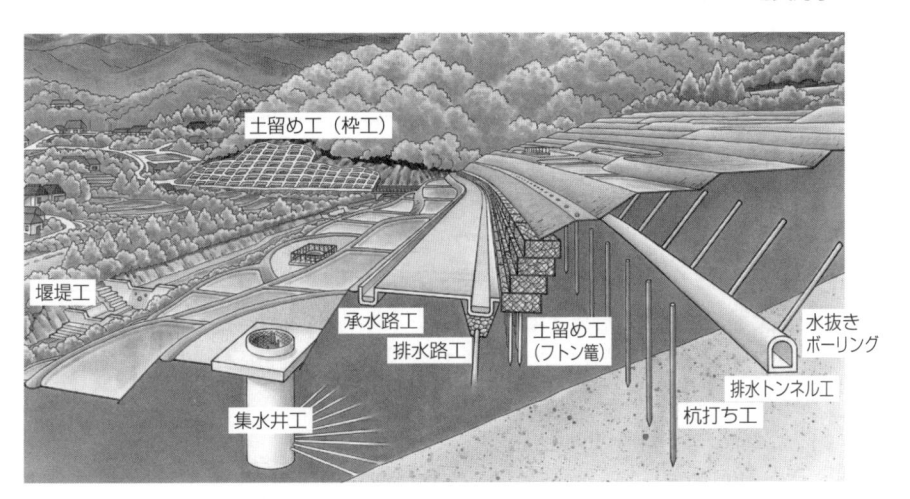

▲ 地すべり防止（農林水産省パンフレット）

■ *Coffee Break*

気象庁が発表する震度と発生する現象（「気象庁震度階級関連解説表」抜粋）

震度階級	人間の感じ方	屋内の状況
0	人は揺れを感じない	—
1	屋内にいる人の一部が，わずかな揺れを感じる．	—
2	屋内いる人の多くが，揺れを感じる．眠っている人の一部が，目を覚ます．	電灯などのつり下げ物が，わずかに揺れる．
3	屋内いる人のほとんどが，揺れを感じる．恐怖感を覚える人もいる．	棚にある食器類が，音を立てることがある．
4	かなりの恐怖感があり，一部の人は，身の安全を図ろうとする．眠っている人のほとんどが，目を覚ます．	つり下げ物は大きく揺れ，棚にある食器類は音を立てる．座りの悪い置物が倒れることがある．
5弱	多くの人が身の安全を図ろうとする．一部の人は，行動に支障を感じる．	つり下げ物は激しく揺れ，棚にある食器類，書棚の本が落ちることがある．
5強	非常な恐怖を感じる．	棚にある食器類，書棚の本の多くが落ちる．タンスなど重い家具が倒れることがある．
6弱	立っていることが困難になる．	固定していない重い家具の多くが，移動，転倒する．開かなくなるドアが多い．
6強	立っているができず，はわないと動くことができない．	固定していない重い家具のほとんどが，移動，転倒する．戸が外れて飛ぶことがある．
7	揺れにほんろうされ，自分の意思で行動できない．	ほとんどの家具が移動し，飛ぶものもある．

3-3 構造力学

■ 外力と応力

土木構造物が安全であるためには，外から働く力に対して，構造物そのものが破壊などに対して安全であることと，設置箇所で安定に保たれていることである．

■ 構造物に働く外力と応力

- **外力と応力**：構造物を形成する部材に，Pという力が働くと，内部にはそれに抵抗して反対向きのP'という力が生じる．Pを外力，P'を応力，単位面積当たりのPあるいはP'を応力度σといい，次式で表す．

$$\sigma = P/A = P'/A$$

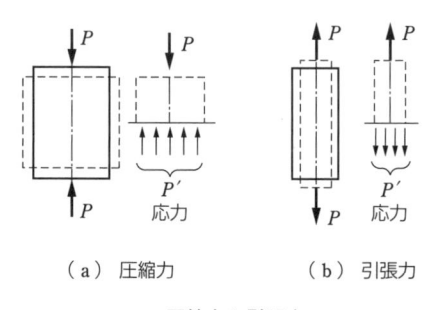

（a）圧縮力　　（b）引張力

▲ 圧縮力と引張力

- **力の種類**：外力には，圧縮力，引張力，せん断力の3種類があり，応力度として，圧縮応力度σ_c，引張応力度σ_t，せん断応力度σ_sで表すことができる．

圧縮力	引張力	せん断力
$\sigma_c = C/A_c$ σ_c：圧縮応力度〔N/cm²〕 C：圧縮力〔N〕 A_c：圧縮断面積〔cm²〕	$\sigma_t = T/A_t$ σ_t：引張応力度〔N/cm²〕 T：引張力〔N〕 A_t：引張断面積〔cm²〕	$\sigma_s = S/A_s$ σ_s：せん断応力度〔N/cm²〕 S：せん断力〔N〕 A_s：せん断断面積〔cm²〕

曲げモーメント

両端に支点があるはりの部材に図のような外力が働くと，上部には圧縮応力，下部には引張応力が生じ，このとき働く曲げ変形の作用を曲げモーメントという．

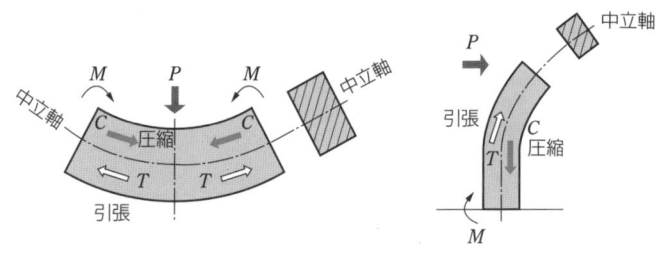

▲ 曲げモーメント

鉄筋コンクリート構造

コンクリートの性質として，圧縮力に対しては大きな抵抗力を持つが，引張力に対しては非常に弱いものがある．逆に鉄筋は小さな断面でありながら大きな引張応力度を有することにより，コンクリートの弱点を補強することができる．

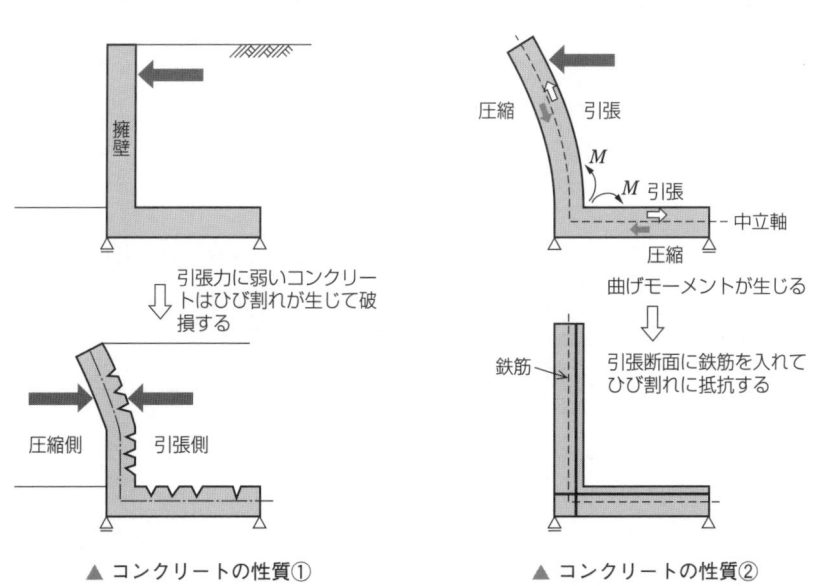

▲ コンクリートの性質①

▲ コンクリートの性質②

- **鉄筋の配置**：コンクリートには気温の変化によるひび割れの発生，地震などの予想外の応力の発生などに対応するため，圧縮側にも鉄筋を配置する必要がある．このような鉄筋を，配力筋，温度鉄筋，用心鉄筋という．

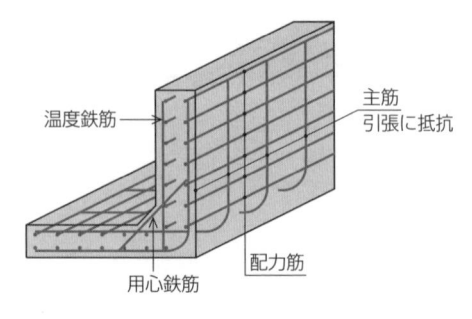

▲ 配筋

PC構造

　コンクリートの引張に対しての弱点を補うため，外力によって引張応力の生じる部分にあらかじめ計画的に圧縮応力を与え，外力が作用したときに生じる引張応力を打ち消すようにしたものを，プレストレストコンクリートという．

　計画的に導入された圧縮応力をプレストレスという，部材中に高強度のPC鋼材を緊張して固定し，その復元力でコンクリートに圧縮応力を生じさせる．

　プレストレスを与える方法としては2つの方法がある．

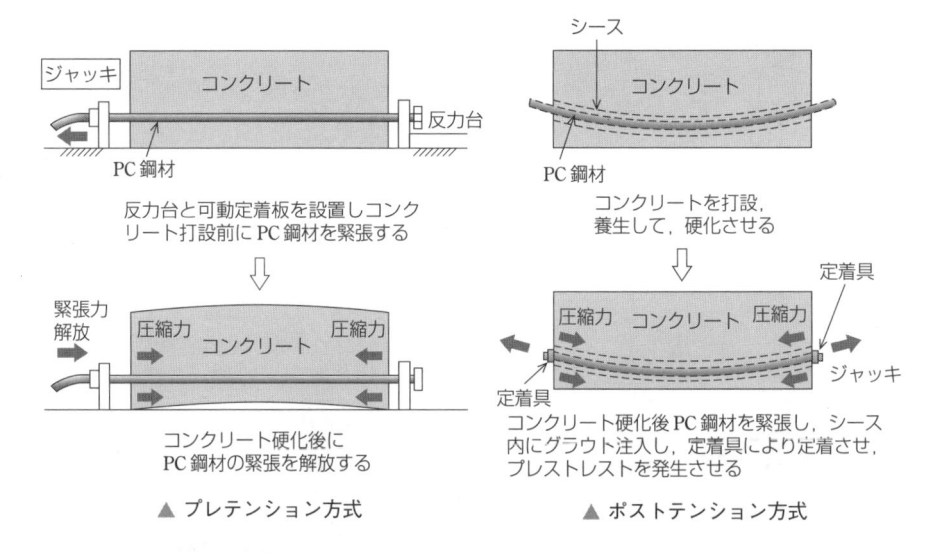

▲ プレテンション方式

▲ ポストテンション方式

鋼構造

　建設資材としての鋼材は，他の資材に比べ応力度が大きく，比較的小さな断面で大きな外力に対抗できるので，自重が大きくなる長大，高層な構造物に数多く利用される．

3-3 構造力学

- **形鋼**：建設資材としての利用を効果的にするために，鋼材には断面，長さなどを一定にした形鋼という製品があり，それぞれに規格寸法が定められている．

▼ 鋼材の断面形状および寸法の表示方法

種類	断面形状	表示方法	種類	断面形状	表示方法
等辺山形鋼	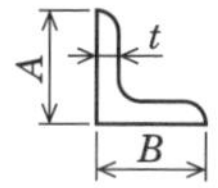	$∟ A×B×t-L$	不等辺山形鋼	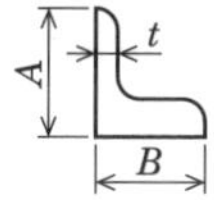	$∟ A×B×t-L$
平鋼	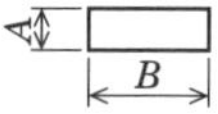	$□ B×A-L$ (PL)	鋼板	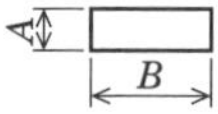	$PL\ B×A-L$
溝形鋼	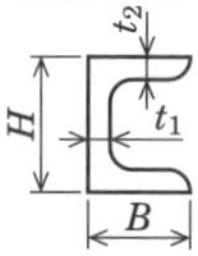	$[\ H×B×t_1×t_2-L$	H形鋼	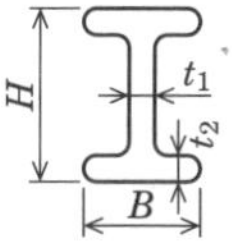	$H\ H×B×t_1×t_2-L$
鋼管	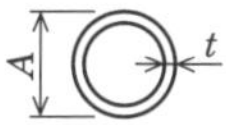	$φA×t-L$	角鋼	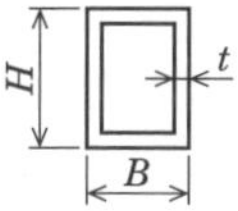	$□ B×H×t-L$

- **鋼構造物**：鋼材による構造物を鋼構造といい，数多くの構造物で利用されている．代表例を下記に示す．

▲ 斜張橋

▲ トラス橋

▲ アーチ橋

▲ 鉄塔

▲ 水門

▲ 水圧管

ラーメン構造

　ラーメンとは，部材の各接合点が互いに剛結されており，曲げによって外力に抵抗する骨組構造をいう．柱，はりなどの部材が剛結により一体となり，外力に対する曲げモーメントが分散され，部材断面が小さくなる利点がある．

- **ラーメン形状**：ラーメン構造の基本形としては，主に下記のものがあり，これらが複合したものもある．

▲ 門形　　▲ 函形　　▲ 片持ばり形　　▲ ひじ形　　▲ π形

- **ラーメン構造物**：柱と梁あるいは壁と床版などの部材を有する構造物に多く使われ，上記の基本形状を組み合わせてつくる．代表例を下記に示す．

▲ ラーメン橋 　　▲ 水門門柱 　　▲ 地下構造物

構造物の安定

　構造物は外力に対して部材などが破壊などに対して安全であるとともに，設置箇所において安定に保たれていることが重要である．構造物が安定するには，次図に示す三条件を満足しなければならない．

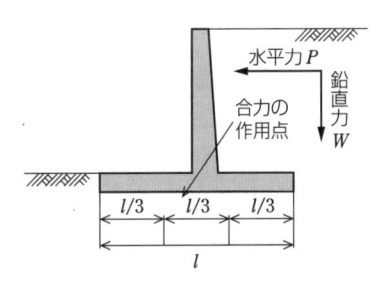

合力の作用点が中央 1/3 に入っていること（ミドルサードの法則）

▲ 転倒に対する安定

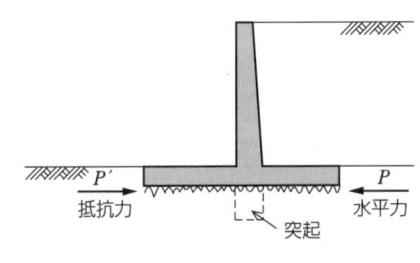

摩擦力などによる抵抗力が水平力を上回る．
この条件が満たされない場合，突起をかける

▲ 滑働に対する安定

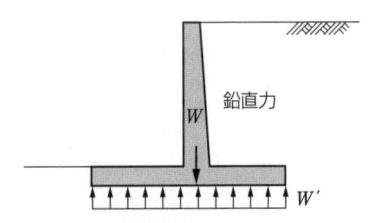

地盤支持力が鉛直力を上回ること．この条件が満たされない場合，基礎杭などを設置する

▲ 沈下に対する安定

3-4 水文学

■ 雨と流出

水の循環

　地球上の水は，降水，蒸発，浸透，流出などを繰り返し，絶えず循環している．これら水の一連の循環を水文現象という．

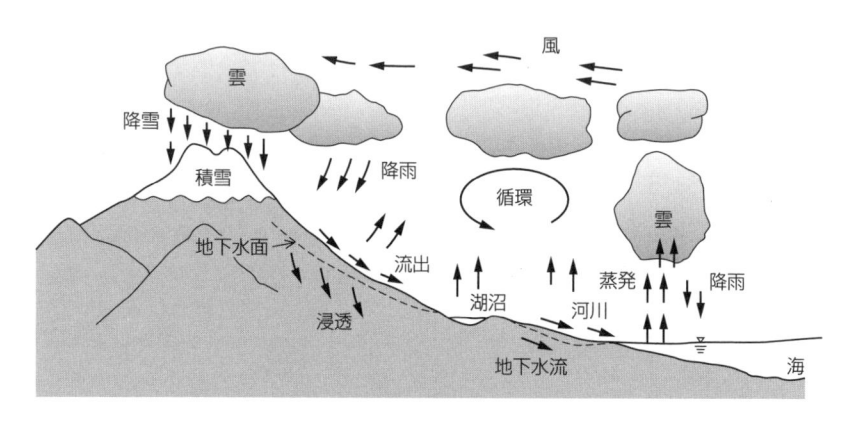

▲ 水文現象

- **水文が要素となる土木構造物**：土木分野においては，利水，治水を中心とした施設として，河川，上下水道，かんがい，ダムなどが数多くあり，規模の決定

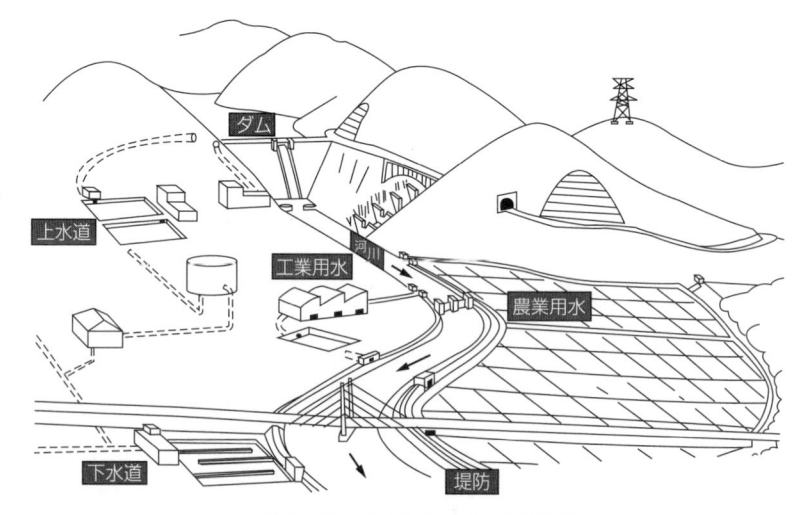

▲ 治水・利水を中心とする土木構造物

を含め，水文現象が基本の要素となる．

流域

流域とは，河川の浸食および堆積作用によって形成された自然の地形単位であり，水文において最も重要な要素である．河川の集水区域であり，その河川の分水界線に囲まれた地域をいう．

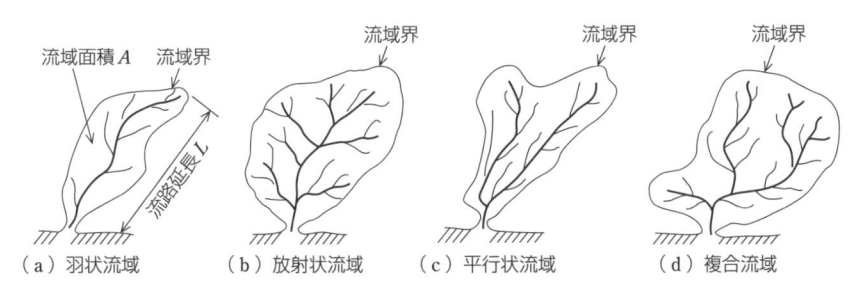

（a）羽状流域　　（b）放射状流域　　（c）平行状流域　　（d）複合流域

▲ 流域の種類

- **流域特性**：流域の基本的な要素として，流域面積 A，本川の流路延長 L，平均勾配 I があり，流域の特性を表す指標として次のものがある．

$$流域平均幅 B = \frac{流域面積 A}{流路延長 L} \qquad 形状係数 F = \frac{B}{L} = \frac{A}{L^2}$$

降水

- **雨量**：一定時間内に地表に降った雨の量を，雨量計にたまった水の深さ〔mm〕で表したものであり，発生した時間内雨量として示すことが重要となる．
- **観測値**：一般的に観測される雨量は下記のものがある．

時間雨量，60分雨量，連続時間雨量，日雨量，24時間雨量，連続日数雨量などがあるが，**時間雨量と60分雨量，日雨量と24時間雨量**は，定時観測と任意時間観測の相違で異なる値を示すので注意を要する．

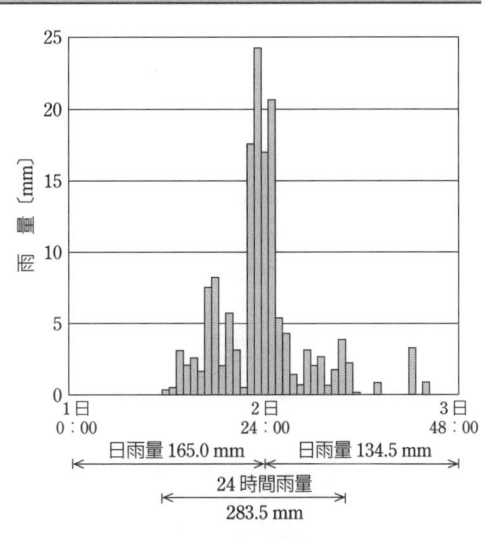

▲ 日雨量と24時間雨量の関係
（日雨量 165.0 mm，日雨量 134.5 mm，24時間雨量 283.5 mm）

- **降雨強度**：ある時間内に降った雨の強さを，1時間当たりの雨量〔mm/h〕で表したものを，その時間内の平均降雨強度という．
- **降雨強度式**：洪水ピーク流量の推定に用いられてきたもので，一定の降雨時間における，ある条件のもとで起こりうる最大降雨強度を求めるためのものである．降雨強度式は，一般的には下記の式で表され，下水道設計などにおいて各地域の洪水量算定の基本公式となっている．

$$I = \frac{a}{t^c + b}$$

ただし，I：降雨強度，t：降雨時間，a, b, c：地域によって定まる定数

流　出

降雨や降雪などによる降水は，流下経路により①表面流出，②中間流出，③地下水流出の3タイプに分類される．一般に流出とは，中間流を含め最終的に最下流域地点に流下してくるものをいい，土木分野ではこの部分を流出として対象とすることが多い．

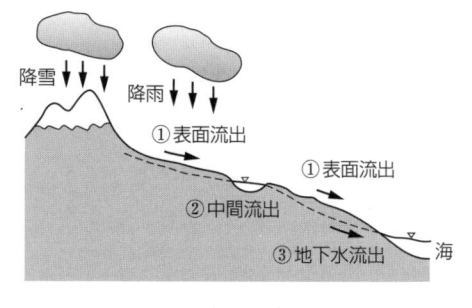

▲ 流出の形態

- **ピーク流出量**：ある流域における一定時間内のピーク流出量は，下記の合理式により算定する．下水道などにおいて，安全を見込んだ施設規模の決定に用いられることが多い．

$$Q = \frac{1}{360} \cdot f \cdot r \cdot A$$

ただし，Q：ピーク流出量〔m³/s〕，f：流出率，r：降雨強度〔mm/h〕，A：流域面積〔ha〕

- **流出率**：全降水量に対する流出の割合を示し，地表の土地利用状態により異なる．各種基準などで異なるが，一般的な値は下記のとおりである．

密集市街地	一般市街地	畑	草地・荒地	水田	山林
0.9	0.8	0.6	0.6	0.7	0.7

- **ハイドログラフ**：時間的に変化する降雨量をもとに，流出量の時間分布（流出ハイドログラフ）を求めるものである．手法としては，単位図法，貯留関数法，タンクモデル法など各種あるが，いずれも降雨と流出量の実測値を用いて，解

析に使用する諸係数を求めるのが原則となっている．河川の流下状況，低平地の湛水解析，ダムの水収支計算などに利用する．

- **雨の強さと降り方**：雨量の数値データと人間が感じる雨の強さの目安について気象庁発表の資料を下表に示す．

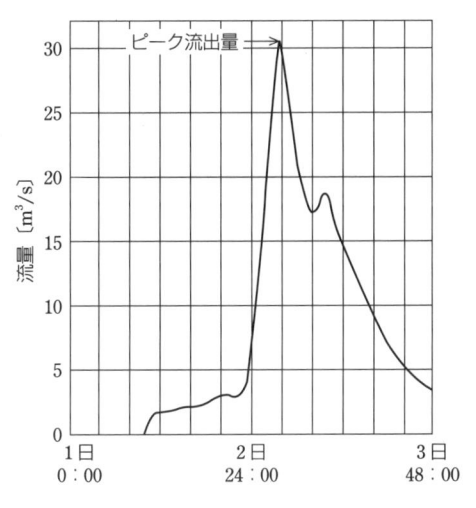

▲ 流出ハイドログラフ

時間雨量〔mm〕	人の受けるイメージ	災害発生状況
10以上〜20未満	ザーザーと降る	この程度の雨でも長く続く時は注意が必要
20以上〜30未満	どしゃ降り	側溝や下水，小さな川があふれ，小規模の崖崩れ
30以上〜50未満	バケツをひっくり返した	山崩れ・崖崩れ，都市では下水管から雨水があふれる
50以上〜80未満	滝のように降る	マンホールから水が噴出し，多くの災害が発生する
80以上〜	息苦しくなるように降る	雨による大規模な災害が発生し，厳重な警戒が必要

水文統計

水文現象は自然現象の気象を対象としたものであり，多くの不確定性，偶然性を含んだ現象である．治水や利水などの水利用計画において，過去の記録から降雨や流出の発生頻度を確率統計処理により解析することを水文統計という．

- **超過確率雨量**：降雨が平均して何年に1度の割合で起こるかを表現したものである．例えば，10年超過確率の降雨量は，10年に1回の割合でそれを超えるような雨が降ることで，10年のうちどの年も10％の確率でその降雨量が生じることを意味する．超過確率が1/10年の降雨量は，一度発生すれば10年間は決して起こらないということではない．

施設規模の決定には，その施設の重要度，安全性などにより対象確率は異なるが，下水道では1/10確率，一級河川，ダムなどでは1/200確率が多く採用されている．また，各地域の特性により，確率降雨量は大きく異なり，施設規模へも影響する．

■第3章 土木工学の基礎知識

▼ 全国主要都市の降水量確率（1901～2006年の年最大日降水量〔mm〕：気象庁データ）

	札幌	福島	東京	長野	浜松	大阪	高知	熊本	名瀬
1/30	139	152	239	**102**	247	160	357	327	**422**
1/50	151	165	260	**110**	270	173	394	366	**460**
1/100	167	182	289	**121**	304	190	445	422	**511**
1/200	183	200	318	**132**	339	207	500	481	**562**

※長野が最低，名瀬が最高を示し，約4倍の差がある．

■ Coffee Break

　科学的な根拠はないが，昔から天気（特に雨）に関することわざがあり，先人の知恵として今に言い伝えられている．おもなことわざを表に示す．

番号	ことわざ
1	太陽が没するときに雲がかかるときは翌日雨または曇
2	朝，太陽が赤く見えたときは，あまりよい天気にならぬ
3	北風が吹いて南に雲が溜ると曇か雨
4	強い風がピッタリ止むと次の日は曇か雨
5	冬は南風で曇，風弱ければ雨
6	南風は曇の後雨
7	日の入りのとき西に雲あれば雨か曇
8	朝日がきらきらするときは雨または曇
9	早朝に太陽が輝くのは雨または曇
10	空低く大小の星が多く散布しているときは曇天または雨天となる
11	星が遠く光がうすく見えた次の日は曇か雨
12	アリが畳にあがると雨または曇
13	コウモリが低く飛べば曇か雨
14	ネコが朝に顔をかくして寝ていると曇天か雨
15	頭が重いとき，頭痛がするときは曇か雨
16	春里がよく見えないと天気はよくない
17	二日日和りは三日もたず
18	夜になっても風の静まらぬは低気圧
19	雲が動くと天気が変わる
20	レンズ雲が出ると天気は下り坂
21	夏キノコがたくさん出る年は気候が悪い
22	家内に煙が立ちこめるのは曇または雨

3-5 水理学

■ 水の性質と水の流れ

水の性質

● **水の物理的性質**：水は温度の変化とともに，密度，体積が変化する．一般的に密度，比体積が1.0といわれているのは，水温が4℃のときである．

温　度〔℃〕	0	4	10	20	50	80	100
単位重量〔kg/m³〕	999.84	1 000.00	999.70	998.20	988.03	971.78	958.35
比体積〔l/kg〕	1.00016	1.00000	1.00030	1.00180	1.01211	1.02903	1.04346

● **水圧と浮力**：土木構造物では，水中あるいは地下水により，部材それぞれには外力としての水圧，構造物全体には浮き上がらせようとする浮力が働く．
水の単位重量を $1.0\,\text{kg/m}^3$ とした場合

$$P_1 = 9.8 \cdot h_1\ [\text{kN/m}^2]$$
$$P_2 = 9.8 \cdot h_2\ [\text{kN/m}^2]$$

下図の構造物に働く浮力は下式のようになる．

$$U = 9.8 \cdot B \cdot H \cdot h_0\ [\text{kN/m}^3]$$

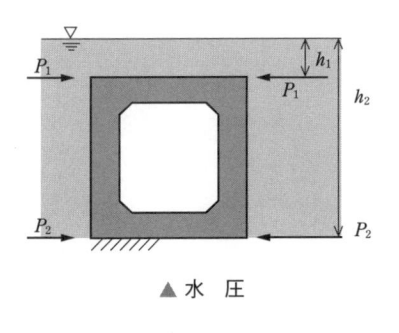

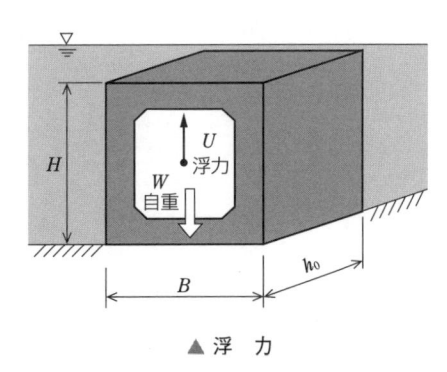

▲ 水　圧

▲ 浮　力

水の流れの分類

水の流れは，断面形状，縦断勾配，流量およびそれらの時間的変化により分類される．

①	定流	流れの各点において流速, エネルギーなどが変化しない流れ（定常流） 時間的に変化しない, 開水路, 管水路の水理計算に用いる.
	不定流	同様に変化する流れ（非定常流） 時間的に変化する, 河川の氾濫解析, 水道の管網計算などに用いる.
②	等流	定流のうち流速, 通水断面が場所によって変化しない流れ（人工水路, 管路など）
	不等流	同様に変化する流れ（自然水路, 河川など）
③	層流	流線が安定して整然とした流れ（レイノルズ数 $R_e > 4\,000$） ここで, $R_e = Vd/\nu$（V：流速, d：管径, ν：動粘性係数）
	乱流	流線が乱れて混乱した流れ（レイノルズ数 $R_e < 2\,000$）
④	常流	重力の影響を強く受ける遅い流れ（フルード数 $Fr < 1$） ここで, $Fr = V/(gD)^{1/2}$（V：流速, g：重力加速度, D：水理水深）
	射流	重力の影響の弱い速い流れ（フルード数 $Fr > 1$）

開水路

● **等流計算**：断面, 勾配が一定の基本的な流れを示し, 代表的な計算式としてマニングの等流計算がある.

$$V = \frac{1}{n} \cdot R^{2/3} \cdot I^{1/2}$$

$$Q = V \cdot A \ [\mathrm{m^3/s}]$$

ここで, V：流速〔m/s〕, n：粗度係数, R：径深 $= A/P$〔m〕, A：流積〔m²〕, P：潤辺〔m〕, I：勾配, Q：流量〔m³/s〕

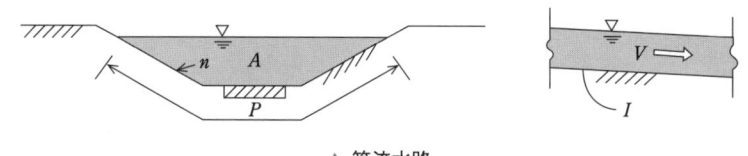

▲ 等流水路

● **粗度係数**：護岸, 河床などの流下状況により異なる係数（土木学会水理委員会水理公式集改訂小委員会編「水理公式集」, 土木学会, 1999 年を参照）

水路形式	コンクリート水路		石積み水路		土水路, 自然水路, 河川		
護岸, 河床	二次製品	現場打ち	練積み	空積み	整形断面	雑草少	雑草多
n の標準値	0.013	0.015	0.025	0.032	0.030	0.035	0.050

● **不等流計算**：一様水路の流れであるが, 断面, 勾配などが変化する流れで, 摩擦, 断面変化などの損失が発生する. 常流の場合は下流から上流へ, 射流の場

合は上流から下流へ水面追跡計算を行う．
①断面の値を既知とし，②断面の値を試算により求め，順次繰り返す．

$$h_1 + \frac{\alpha \cdot Q^2}{2g \cdot A_1^2} + z_1 + h_f = h_2 + \frac{\alpha \cdot Q^2}{2g \cdot A_2^2} + z_2$$

ここで，$\Sigma h = h_f + h_m$
　　　　h_f：距離 l 間の摩擦損失水頭〔m〕

$$h_f = \frac{Q^2 \cdot l}{2} \left(\frac{n_1^2}{R_1^{4/3} A_1^2} + \frac{n_2^2}{R_2^{4/3} A_2^2} \right)$$

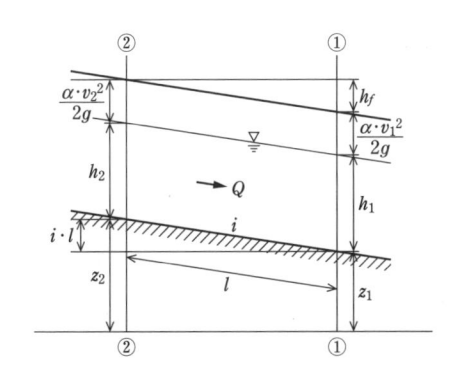

z：基盤面から水路底までの高さ〔m〕
h：水深〔m〕
h_f：①，②断面で生じた水頭損失〔m〕
l：①，②断面区間の斜距離〔m〕
g：重力の加速度 9.8〔m/s²〕
α：エネルギー補正係数

▲ 不等流水路

管水路（パイプライン）

水が管内を満流で流れ，圧力が働く流れを管水路の流れという．
● **設計水圧**：パイプラインには下記に示す水圧が働く．
① 　静水圧：静止したとき，水の重力により作用する圧力〔N/cm²〕
② 　動水圧：流下時にパイプ内に作用する圧力〔N/cm²〕
③ 　動水勾配：各地点の動水圧を結んだ線
④ 　水撃圧：ポンプの起動，停止およびバルブの開閉などにより生ずる急激な流量変化に伴って発生する圧力〔N/cm²〕
⑤ 　設計水圧：（静水圧（または動水圧）＋水撃圧）で施設の強度設計に用いる

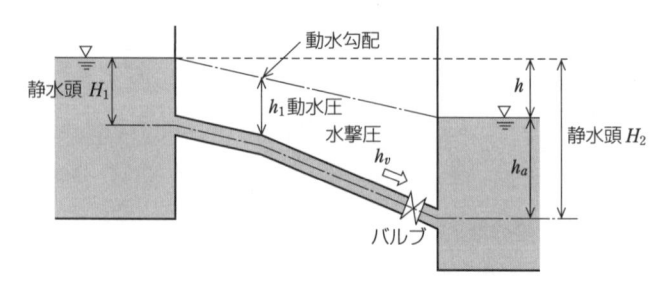

▲ パイプラインに働く水圧

- **水理計算**：パイプラインの水理計算は，流下により発生する各種損失を求め，設計水圧，水位などを求めることである．
  ① 摩擦損失水頭：（ヘーゼン・ウィリアム公式）
  $$h_f = 10.67 C^{-1.85} \cdot D^{-4.87} \cdot Q^{1.85} \cdot L$$
  ここで，h_f：摩擦損失水頭〔m〕，C：流速係数（管種による），D：管径〔m〕，Q：流量〔m³/s〕，L：延長〔m〕
  ② 各種損失水頭：（流入，流出，曲り，断面変化，分流，合流，バルブ，スクリーン）などによる損失水頭

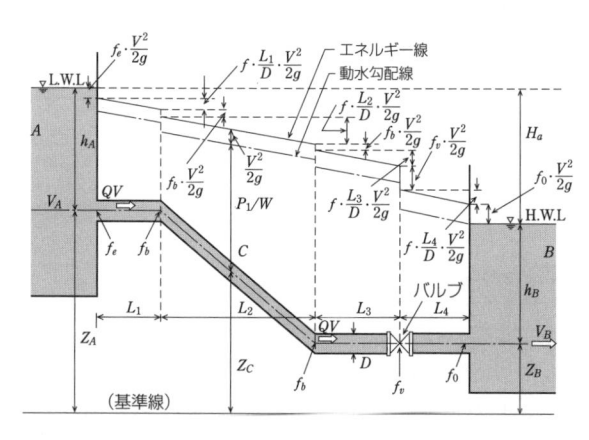

▲ パイプライン水理計算

- **配管形式**：パイプラインには単線以外に樹枝状，管網形式がある．
- **樹枝状**：枝線，支線と分流していくライン
- **管網**：管水路が結合して一つの配水系となるライン

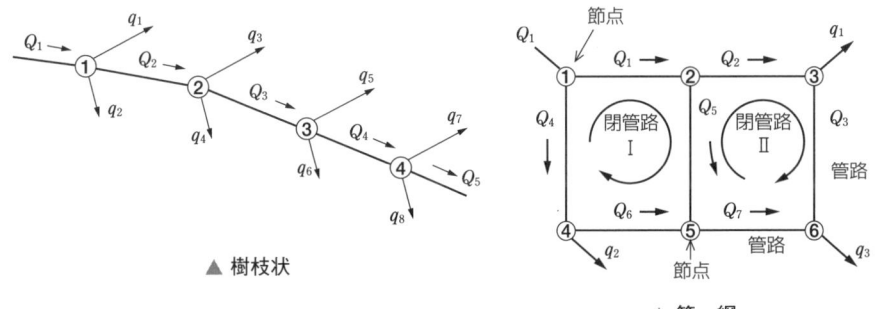

▲ 樹枝状

▲ 管　網

オリフィス

水槽や貯水池の側壁や底面に設けた小さな孔から水を流出させるとき，この小孔をオリフィスという．

● 基本公式

$$Q = Ca\sqrt{2gH}$$

ここで，Q：流量〔m^3/s〕
C：流量係数 $\fallingdotseq 0.61$
a：オリフィス断面積〔m^2〕
H：水面からオリフィス中心までの高さ〔m〕

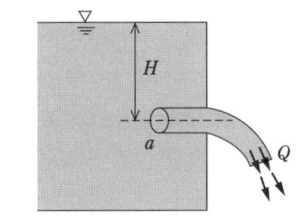

▲ オリフィス

水　門

水路や河川を横切って堰を設け，流量を調節する施設を水門（ゲート）という（付録参照）．

● 基本公式

$$Q = Cbd\sqrt{2g(h-d)}$$

ここで，Q：流量〔m^3/s〕
C：流量係数 $\fallingdotseq 0.62 \sim 0.66$
b：水路幅〔m〕
d：内空高〔m〕
h：水面高〔m〕

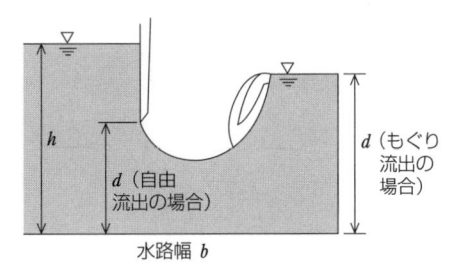

▲ 水　門

堰

開水路の水位を堰上げて流水を越流させ，水位を調節するための施設を堰という（付録参照）．

基本公式

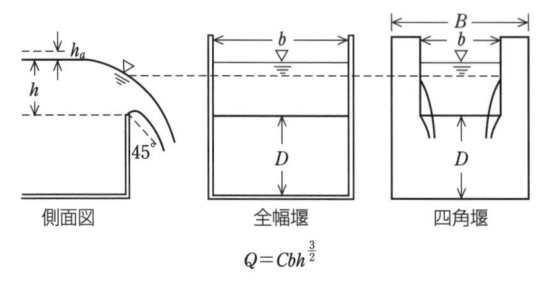

▲ 長方形堰（JIS B 8302） 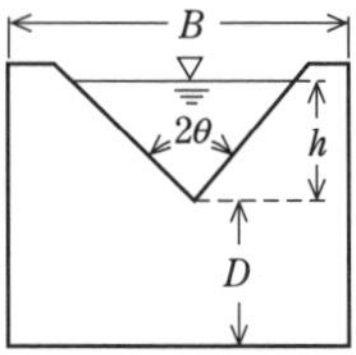
$$Q = Cbh^{\frac{3}{2}}$$

▲ 三角堰（JIS B 8302）
$$Q = Ch^{\frac{5}{2}}$$

▲ 越流ダム（完全・不完全越流時）
$$Q = KBh^{\frac{3}{2}}$$

C, K はそれぞれの流量係数を示す．

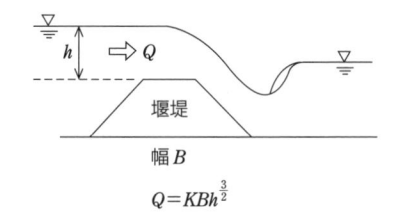

土木豆辞典

■ 旧単位系と国際単位系

現在，計量法の改正に伴い土木工学として正式に使う単位はCGS単位（旧単位系）からSI単位（国際単位系）へと移行している．

旧単位系	国際単位系（SI）	換算率
g，t，kg	N（ニュートン）	1 kgf = 9.80665 N
kgf/cm²	N/m²（ニュートン毎平方メートル）	1 kgf/cm² = 98.0665 kN/m²
kgf/cm²	Pa（パスカル）	1 kgf/cm² = 98.0665 kPa
cal（カロリー）	J（ジュール）	1 cal = 4.18605 J

■ 土木の現場でよく使う単位

土木の世界では，特に現場職人を中心として昔ながらの単位（尺貫法の時代）が今でもしばしば使用されることがある．

① 長さの単位
- 円，銭，厘：メートル，センチ，ミリを言い換えたもの．（例：5 m 83 cm 6 mm → 5円83銭6厘）
- 尺：1尺 = 0.30303 m（特に大工さんなどは今でもよく使う）
- 間：1間 = 1.81818 m（特に大工さんなどは今でもよく使う）

② 面積の単位
- 坪：1坪 = 3.30579 m²（不動産，建築の世界では一般的に使われる：2畳分）
- 反：1反 = 991.736 m²（農地面積によく使われる）
- 町：1町 = 9917.36 m²（農地，山林面積によく使われる）
- m²：平米（へーべ）と呼ぶ

③ 容積の単位
- 合：1合 = 0.18039 リットル（枡での測定に用いる）
- 升：1升 = 1.8039 リットル（酒などのビンに一般的に使われる）
- m³：立米（りゅうべ）と呼ぶ
- トン：水の容量を重さに置き換えて呼ぶ（例：100万トン〔m³〕の貯水量，250トン〔m³/s〕流下の河川）

④ 重さの単位
- 貫：1貫 = 3.75 kg（骨材，木材などで使われるときがある）

⑤ 傾斜の単位
- 割，分，厘：1割5分2厘 = 1：1.52

第4章

土木施工一般の共通知識

現場で学ぶ

4-1 土質調査

■ 土の性質を調べる

■ 現場で土を調べる（原位置試験）

土がもともとある自然の状態での性質を調べ，設計や施工に利用する．

▼ 主な原位置試験の目的と利用・判定事項

試験の名称	求められるもの	利用・判定事項
標準貫入試験	N 値	土の硬軟，締まり具合の判定 基礎工の検討
単位体積質量試験	湿潤密度 ρ_t，乾燥密度 ρ_d	締固めの施工管理
スウェーデン式サウンディング	W_{sw} および N_{sw}	土の硬軟，締まり具合の判定
オランダ式二重管コーン貫入試験	コーン指数 q_c	土の硬軟，締まり具合の判定
ポータブルコーン貫入試験	コーン指数 q_c	トラフィカビリティの判定
平板載荷試験	地盤反力係数 K	締固めの施工管理
現場透水試験	透水係数 κ	透水関係の設計計算 地盤改良工法の設計
弾性波探査	地盤の弾性波速度 V	地層の種類，性質，成層状況の推定，トンネル・ダムの検討
電気探査	地盤の比抵抗値	地層・地質，構造の推定

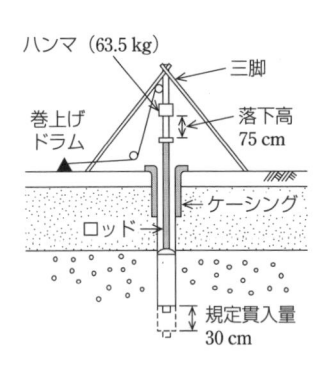

▲ 標準貫入試験

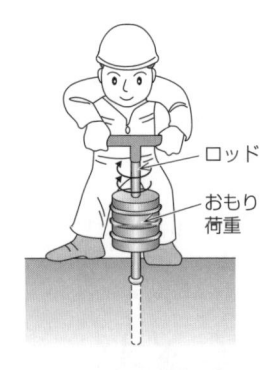

▲ スウェーデン式サウンディング

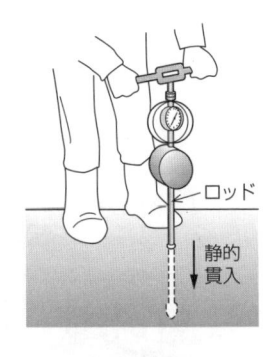

▲ ポータブルコーン貫入試験

代表的な標準貫入試験

最も一般的に利用される方法であり，重さ 63.5 kg のハンマにより，30 cm 打ち込むのに要する打撃回数（N 値）を測定し，地層の固さを判定し，その結果を柱状図に表すことにより土質状況の把握を容易に行うことのできる試験である．

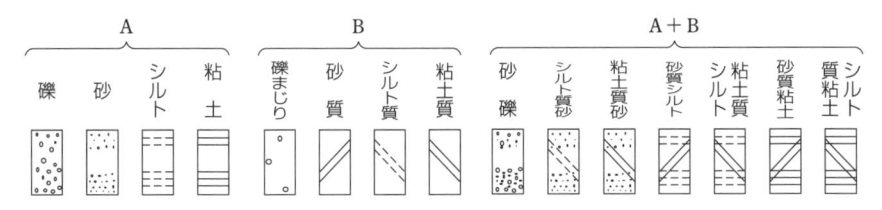

▲ 土質記号

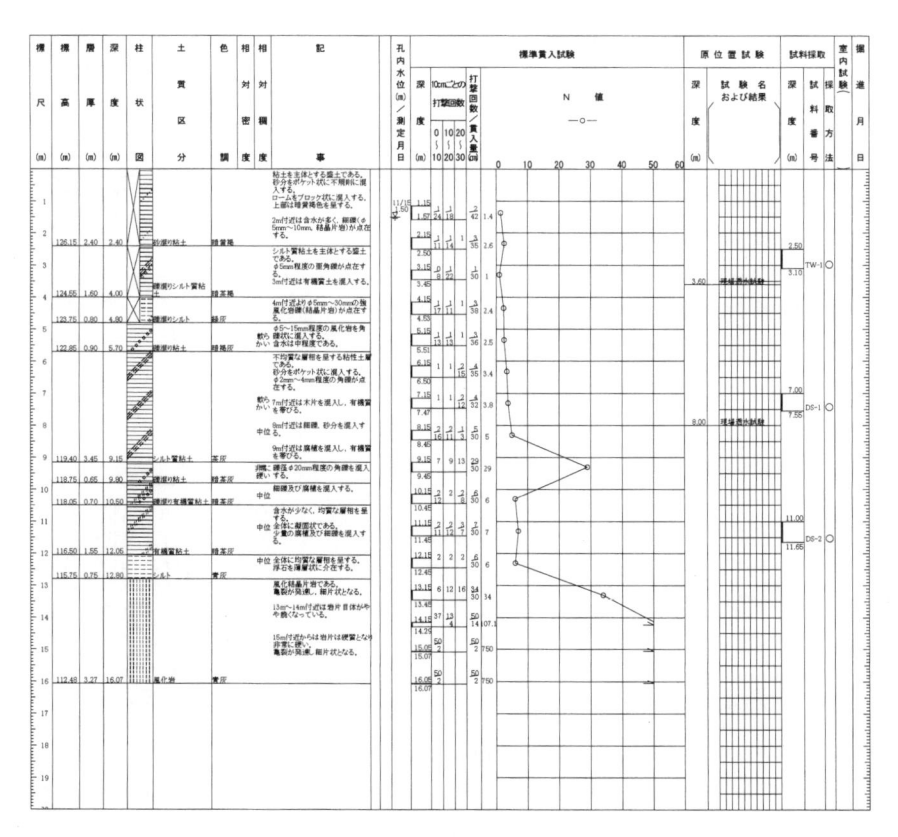

▲ 土質柱状図例

■ 第4章　土木施工一般の共通知識

- **柱状図から判定**：土質構成，支持層の位置と厚さ，軟弱地盤の有無，地下水位
- **N値から推定**：（砂地盤）相対密度，せん断抵抗角，許容支持力
　　　　　　　　　（粘土地盤）コンシステンシー，粘着力，許容支持力

室内で土を調べる（室内土質試験）

- **物理的試験**：土の判別分類のために物理的性質を求める．
- **力学的試験**：土工の設計に必要な土の定数を求める．

▼ 主な土質試験の目的と利用・判定事項

	試験の名称	求められるもの	利用・判定事項
土の物理的性質	土粒子の比重試験	土粒子の比重 G_s，間げき比 e，飽和度 S_r	粒度，間げき比，飽和度，空気間げき率の計算
	土の含水量試験	含水比 w，湿潤密度 ρ_t，乾燥密度 ρ_d	土の締固め度の算定
	粒度試験	粒径加積曲線，有効径 D_{10}，均等係数 U_c	土の分類，材料としての土の判定
	液性限界・塑性限界試験	液性限界 w_L，塑性限界 w_P，塑性指数 I_P	細粒土の分類，細粒土の安定性の判定
	相対密度試験	最大間げき比 e_{max}，相対密度 D_r	粗粒土の安定性の判定
土の力学的性質	締固め試験	含水比-乾燥密度曲線，最大乾燥密度 $\rho_{d max}$，最適含水比 w_{opt}	盛土の施工方法・施工管理
	直接せん断試験	せん断抵抗角 ϕ，粘着力 c	基礎，斜面，擁壁などの安定計算
	三軸圧縮試験	せん断抵抗角 ϕ，粘着力 c	細粒土地盤の安定計算，細粒土の構造判定
	一軸圧縮試験	一軸圧縮強さ q_u，粘着力 c，鋭敏比 S_t	細粒土地盤の安定計算，細粒土の構造判定
	圧密試験	e-logp曲線，圧縮係数 a_v，圧縮指数 C_c，透水係数 κ	粘土層の沈下量の計算

（a）液性限界試験 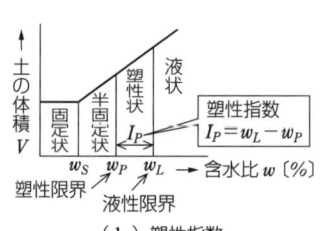　　（b）塑性指数 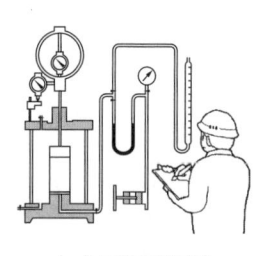　　（c）三軸圧縮試験

▲ 室内土質試験

土を分類する

土の分類方法として，国際的に共通の**統一土質分類法**と日本の土に合わせた**日本統一土質分類**がある．

▼「統一土質分類法」による分類

主要区分		記号	代表的名称	主要区分	記号	利用・判定事項
粗粒土	礫	GW	粒系分布のよい礫	シルト粘土 LL ≦ 50	ML	無機質シルト
		GP	粒系分布の悪い礫		CL	礫質粘土，砂質粘土
		GM	シルト質礫	細粒土	OL	有機質シルト
		GC	粘土質礫		MH	無機質シルト
	砂	SW	粒系分布のよい砂	シルト粘土 LL > 50	CH	粘性の高い粘土
		SP	粒系分布の悪い砂		OH	塑性の高い有機質粘土
		SM	シルト質砂	高有機質土	PT	泥炭，黒泥
		SC	粘土質砂			

▼ 物理試験結果を用いる日本統一土質分類と，道路土工における簡易分類

名称		簡易分類	日本統一土質分類
岩または石	硬岩	きれつがまったくないか，少ないもの	
	中硬岩	風化のあまり進んでないもの	
	軟岩	リッパ掘削ができるもの	
	転石群	大小の転石が密集，掘削が困難なもの	
	岩塊・玉石	岩塊・玉石が混入，掘削がしにくい	
土	礫混り土	礫の多い砂，礫の多い砂質土 礫の多い粘性土	礫 {G}，礫質土 {GF}
	砂	海岸・砂丘の砂，マサ土	砂 {S}
	普通土	砂質土，マサ土，粒度分布の良好な砂 条件の良いローム	砂 {S}，砂質土 {SF}
	粘性土	ローム	シルト {M}，粘性土 {C}
	高含水比粘性土	条件の悪いローム，条件の悪い粘性土 火山灰質粘性土	粘性土 {C}，火山灰質粘性土 {V}，有機質土 {O}
	有機質土	ピート，黒泥	高有機質土 {P_t}

4-2 土 工

■ 土を動かす

土の状態により土量は変化する

土はその状態により体積が変化し，土量計算に大きく影響する．
- 地山の土量（地山にあるそのままの状態）　………掘削土量
- ほぐした土量（掘削されほぐされた状態）　………運搬土量
- 締め固めた土量（盛土され締め固められた状態）……盛土土量

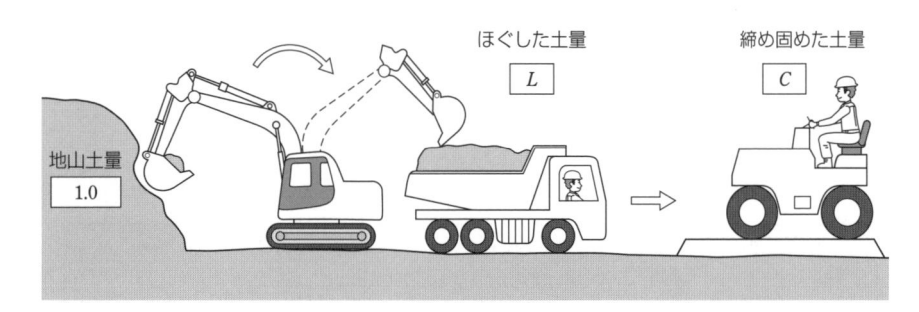

$$L = \frac{\text{ほぐした土量}〔m^3〕}{\text{地山の土量}〔m^3〕} \quad C = \frac{\text{締め固めた土量}〔m^3〕}{\text{地山の土量}〔m^3〕}$$

▲ 土量の変化率

土量変化率 L および C は土質により異なる（道路土工施工指針）．

土 質	L	C	土 質	L	C	土 質	L	C
軟岩	1.30〜1.70	1.00〜1.30	礫質土	1.10〜1.30	0.85〜1.05	砂質土	1.20〜1.30	0.85〜0.95
礫	1.10〜1.20	0.85〜1.05	砂	1.10〜1.20	0.85〜0.95	粘性土	1.20〜1.45	0.85〜0.95

土質（トラフィカビリティ）により建設機械を選定する

- トラフィカビリティ：建設機械の走行性を表すもので，締め固めた土をコーンペネトロメータにより測定した値，コーン指数 q_c〔kN/m^2〕で示される．

4-2 土工

▼ 建設機械の走行に必要なコーン指数（道路土工施工指針）

建設機械の種類	コーン指数 q_c [kN/m²]	建設機械の種類	コーン指数 q_c [kN/m²]	建設機械の種類	コーン指数 q_c [kN/m²]
超湿地ブルドーザ	200以上	普通ブルドーザ(21 t級)	700以上	自走式スクレーパ	1 000以上
湿地ブルドーザ	300以上	スクレープドーザ	600以上	ダンプトラック	1 200以上
普通ブルドーザ(15 t級)	500以上	被牽引式スクレーパ	700以上		

運搬距離により建設機械を選定する

▼ 運搬距離からみた適応建設機械（道路土工施工指針）

建設機械の種類	距離 [m]	建設機械の種類	距離 [m]	建設機械の種類	距離 [m]
ブルドーザ	60以下	被牽引式スクレーパ	60〜400	ショベル系掘削機＋ダンプトラック	100以上
スクレープドーザ	40〜250	自走式スクレーパ	200〜1 200		

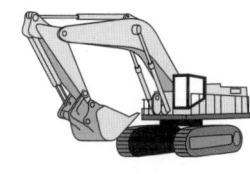

（a）バックホウ

（b）ブルドーザ

（c）スクレープドーザ

（d）自走式スクレーパ

▲ 建設機械

盛土の施工をする

- **締固めおよび敷均し厚さ**：盛土の種類により締固めおよび敷均し厚さを決める．
  路体・堤体：締固め厚さは 30 cm 以下，敷均し厚さは 35～45 cm 以下
  路床：締固め厚さは 20 cm 以下，敷均し厚さは 25～30 cm 以下
- **締固め機械**：締固め機械の種類と特徴により，適用する土質が異なる．

▼ 締固め機械の種類と適用土質

締固め機械	特　徴	適用土質
ロードローラ	静的圧力により締め固める	粒調砕石，切込砂利，礫混じり砂
タイヤローラ	空気圧の調整により各種土質に対応する	砂質土，礫混じり砂，山砂利，細粒土，普通土一般
振動ローラ	起振機の振動により締め固める	岩砕，切込砂利，砂質土
タンピングローラ	突起（フート）の圧力により締め固める	風化岩，土丹，礫混じり粘性土
振動コンパクタ	平板上に取り付けた起振機により締め固める	鋭敏な粘性土を除くほとんどの土

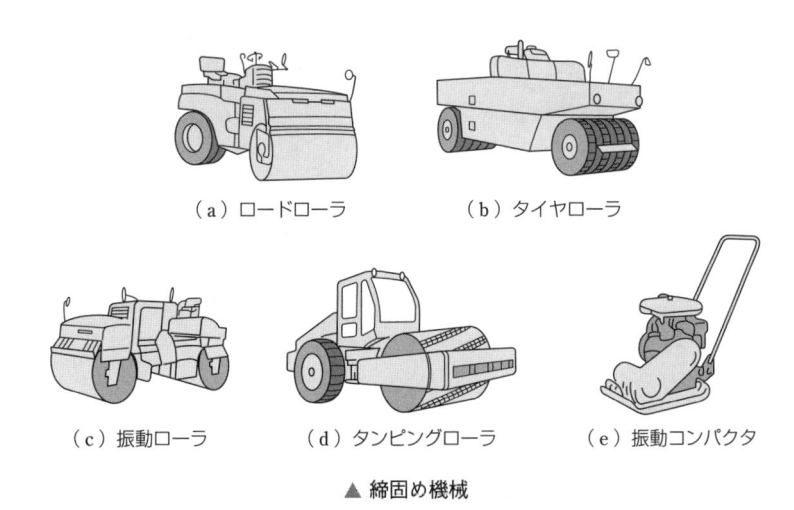

（a）ロードローラ　　（b）タイヤローラ

（c）振動ローラ　　（d）タンピングローラ　　（e）振動コンパクタ

▲ 締固め機械

4-3 のり面施工
■ 切土・盛土のり面の施工と保護

のり面の施工

切土の地山の土質および盛土の盛土材料により，のり面勾配が異なる．

▼ 切土に対する標準のり面勾配（道路土工施工指針）

地山の土質		切土高	勾配	摘要
硬岩			1:0.3～1:0.8	h_a：a のり面に対する切土高 h_b：b のり面に対する切土高 （a）切土高と勾配 （b）地山状態とのり面形状の例
軟岩			1:0.5～1:1.2	
砂	密実でない粒度分布の悪いもの		1:1.5～	
砂質土	密実なもの	5 m 以下	1:0.8～1:1.0	
		5～10 m	1:1.0～1:1.2	
	密実でないもの	5 m 以下	1:1.0～1:1.2	
		5～10 m	1:1.2～1:1.5	
砂利，岩塊まじり砂質土	密実なもの，または粒度分布のよいもの	10 m 以下	1:0.8～1:1.0	
		10～15 m	1:1.0～1:1.2	
	密実でないもの，または粒度分布の悪いもの	10 m 以下	1:1.0～1:1.2	
		10～15 m	1:1.2～1:1.5	
粘性土		10 m 以下	1:0.8～1:1.2	
岩塊，玉石まじり粘性土		5 m 以下	1:1.0～1:1.2	
		5～10 m	1:1.2～1:1.5	

▼ 盛土材料に対する標準のり面勾配（道路土工施工指針）

盛土材料	盛土高	勾配	摘要
粒度の良い砂（SW），礫および細粒分混じり礫（GM），（GC），（GW），（GP）	5 m 以下	1:1.5～1:1.8	基礎地盤の支持力が十分にあり，浸水の影響のない盛土に適用する． （ ）の統一分類は代表的なものを参考に示す．
	5～15 m	1:1.8～1:2.0	
粒度の悪い砂（SP）	10 m 以下	1:1.8～1:2.0	
岩塊（ずりを含む）	10 m 以下	1:1.5～1:1.8	
	10～20 m	1:1.8～1:2.0	
砂質土（SM），（SC），硬い粘質土，硬い粘土（洪積層の硬い粘質土，粘土，関東ロームなど）	5 m 以下	1:1.5～1:1.8	
	5～10 m	1:1.8～1:2.0	
火山灰質粘性土（VH2）	5 m 以下	1:1.8～1:2.0	

第4章 土木施工一般の共通知識

のり面保護工

▼ のり面保護工の工種と目的（道路土工施工指針）

分類	工　種	目的・特徴
植生工	種子散布工，客土吹付工，張芝工，植生マット工	浸食防止，全面植生（緑化）
植生工	植生筋工，筋芝工	盛土のり面浸食防止，部分植生
植生工	土のう工，植生穴工	不良土のり面浸食防止
植生工	樹木植栽工	環境保全，景観
構造物による保護工	モルタル・コンクリート吹付工，ブロック張工，プレキャスト枠工	風化，浸食防止
構造物による保護工	コンクリート張工，吹付枠工，現場打コンクリート枠工，アンカー工	のり面表層部崩落防止
構造物による保護工	編柵工，じゃかご工	のり面表層部浸食，流失抑制
構造物による保護工	落石防止網工	落石防止
構造物による保護工	石積，ブロック積，ふとん籠工，井桁組擁壁，補強土工	土圧に対抗（抑止工）

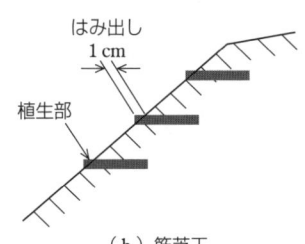

（a）種子散布工

（b）筋芝工

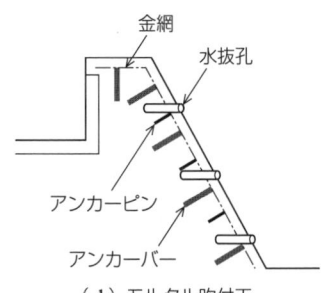

（c）ブロック張工

（d）モルタル吹付工

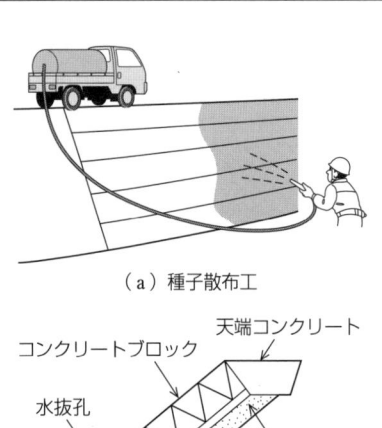

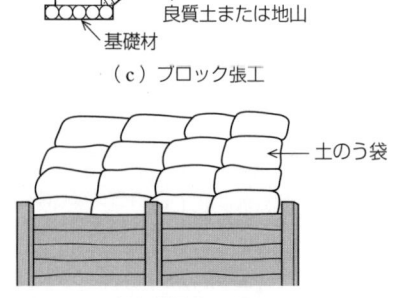

（e）植生土のう工

▲ のり面保護工

4-4 軟弱地盤対策

■ 軟弱地盤に対策工法を施す

軟弱地盤の判定方法

▼ 土質調査の標準値

標準貫入試験（N値）	コーン貫入試験 q_c〔kN/m^2〕	安定および沈下に対する検討
$N > 4$	$q_c > 400$	安定および沈下は問題ない
$2 < N < 4$	$200 < q_c < 400$	安定および沈下に対する一応の検討が必要
$N < 2$	$q_c < 200$	安定および沈下に対する十分な検討が必要

- **安定に対する検討**：円弧すべりの検討による．
- **沈下に対する検討**：圧密試験結果により沈下量を計算する．

軟弱地盤対策工法の種類

分類	工法	対策	対策・効果
表層処理工法	表層混合工法，表層排水工法，サンドマット工法	安定	強度低下抑制，すべり抵抗
押え盛土工法	押え盛土工法，緩斜面工法	安定	すべり抵抗
置換工法	掘削置換工法，強制置換工法	安定	すべり抵抗，せん断変形抑制
載荷重工法	盛土荷重載荷工法，大気圧載荷工法，地下水低下工法	沈下	圧密沈下促進
バーチカルドレーン工法	サンドドレーン工法，カードボードドレーン工法	沈下	圧密沈下促進
サンドコンパクション工法	サンドコンパクションパイル工法	沈下安定	沈下量減少，液状化防止
固結工法	石灰パイル工法，深層混合処理工法，薬液注入工法	沈下安定	沈下量減少，すべり抵抗
振動締固め工法	バイブロフローテーション工法，ロッドコンパクション工法	沈下安定	液状化防止，沈下量減少

第4章 土木施工一般の共通知識

■ 第4章　土木施工一般の共通知識

（a）押え盛土工法

（b）固結工法

（c）載荷重工法

（d）バーチカルドレーン工法

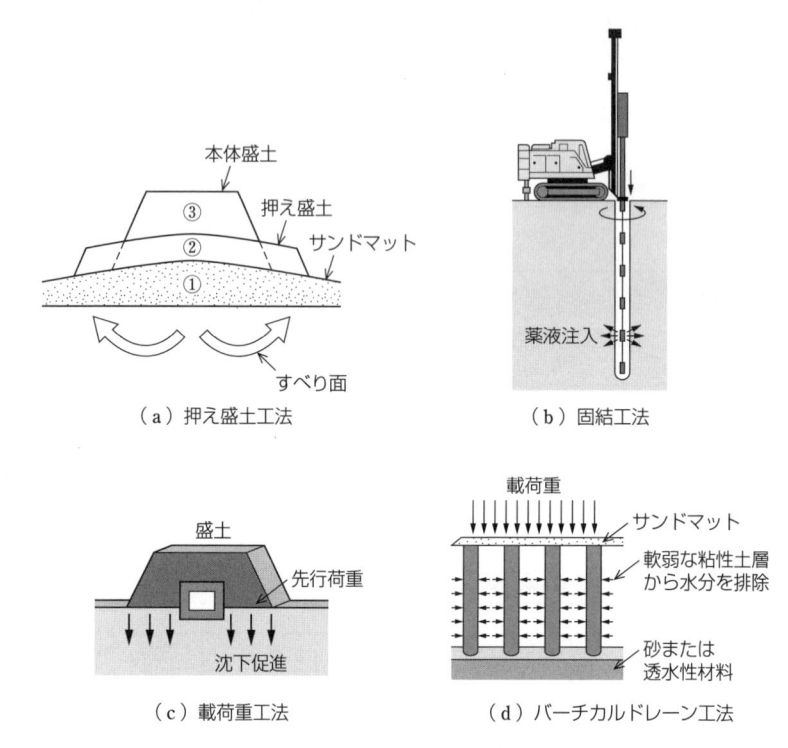

▲ 軟弱地盤対策工法①

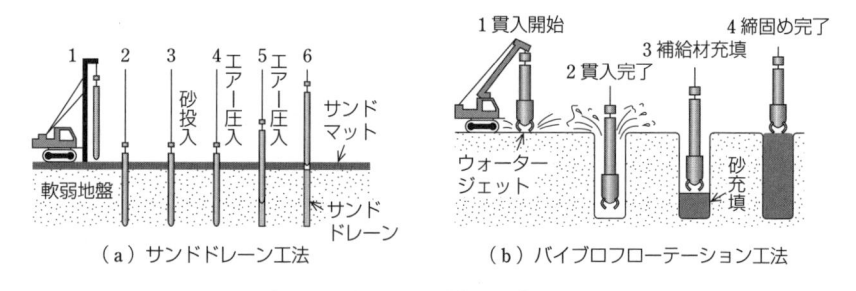

（a）サンドドレーン工法

（b）バイブロフローテーション工法

▲ 軟弱地盤対策工法②

地下排水工法

排水工法の種類を以下に示す．
- **重力排水**：釜場排水，深井戸工法

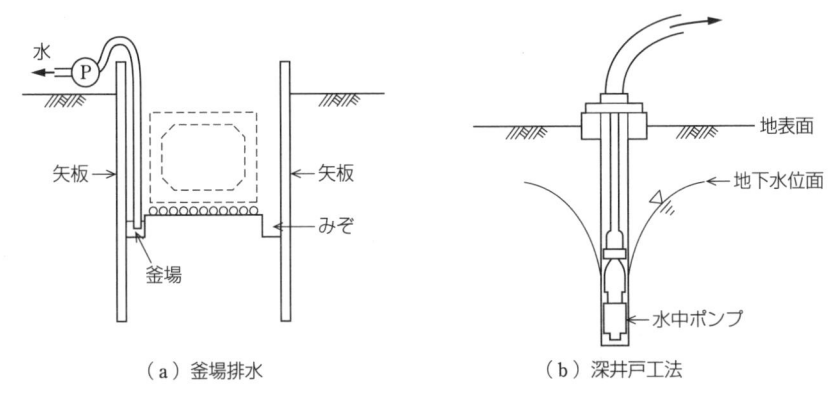

（a）釜場排水　　（b）深井戸工法

▲ 重力排水

- **強制排水**：ウェルポイント工法，深井戸真空工法，電気浸透工法

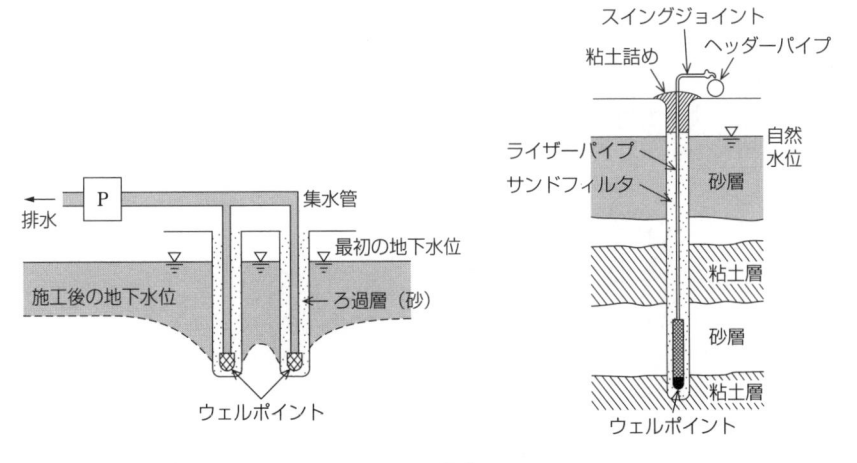

▲ 強制排水

4-5 基礎工

■ 構造物を支える

直接基礎の施工（道路橋示方書・同解説下部構造編）

●支持層の選定

砂質土：N 値が 30 程度以上あれば良質な支持層とみなしてよい．
粘性土：N 値が 20 程度以上あれば良質な支持層とみなしてよい．

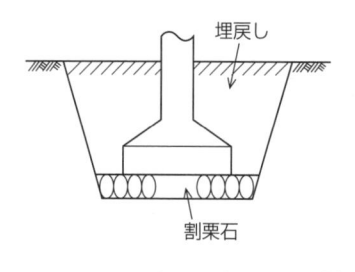

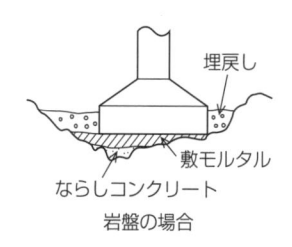

▲ 直接基礎

●安定性の検討

設計の基本：転倒，滑動および沈下に対しての安全を確保する．
合力の作用位置：常時は底面の中心より底面幅の 1/6 以内，地震時は 1/3 以内とする（ミドルサード）．

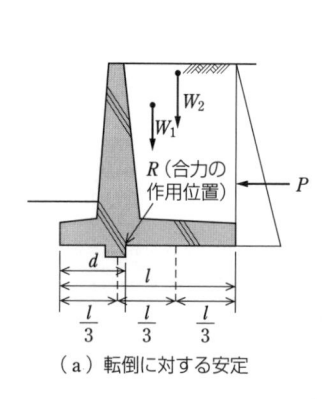

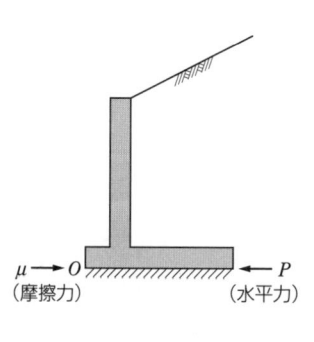

（a）転倒に対する安定　　　　（b）滑動に対する安定

▲ 安定性の検討

4-5 基 礎 工

杭基礎の施工（道路橋示方書・同解説下部構造編）

● 杭の種類：既製杭（RC杭，PC杭，鋼管杭，H鋼杭）

▼ 打設工法と打設方法・特徴

打設工法	打設方法・特徴
打撃工法	ドロップハンマ，ディーゼルハンマにより直接打撃する．騒音，振動が発生するが，支持力確認は容易．
中掘工法	杭の中空部にオーガーを入れ，先端部を掘削し，支持地盤へ圧入する．
プレボーリング工法	掘削機械により先行してボーリングを行い，既製杭を建込み，最後に打撃，根固めを行う．
ジェット工法	高圧水をジェットとして噴出し，自重により摩擦を切って圧入する．砂質地盤に適用する．
圧入工法	圧入機械による反力を利用し，静的圧入する無振動，無騒音の低公害の杭打設工法である．

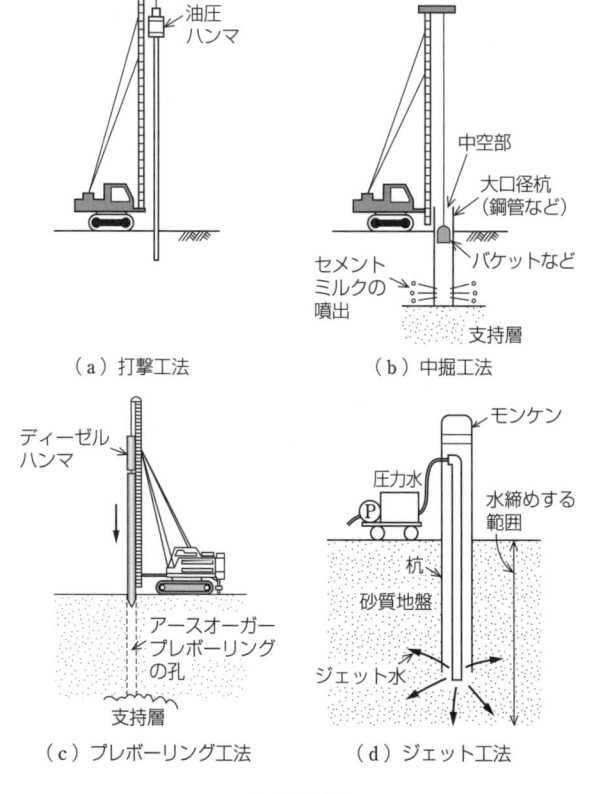

（a）打撃工法　　　（b）中掘工法

（c）プレボーリング工法　　　（d）ジェット工法

▲ 打設工法

場所打ち杭（道路橋示方書・同解説下部構造編）

▼ 場所打ち杭工法の掘削・排土方法

工法	掘削・排土方法
オールケーシング工法	チュービング装置による**ケーシングチューブ**の揺動圧入と**ハンマグラブ**などにより行う。
リバース工法	回転ビットにより土砂を掘削し，孔内水（泥水）を逆循環（リバース）する方式である。
アースドリル工法	回転バケットにより土砂を掘削し，バケット内部の土砂を地上に排出する。
深礎工法	掘削全長にわたる山留めを行いながら，主として人力により掘削する。

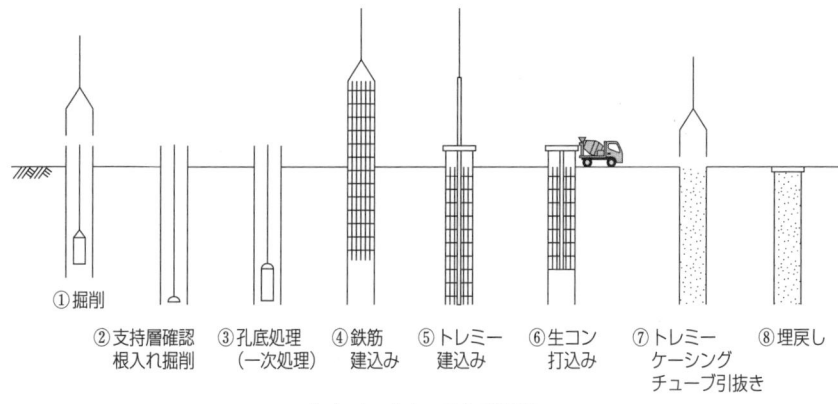

（a）オールケーシング工法

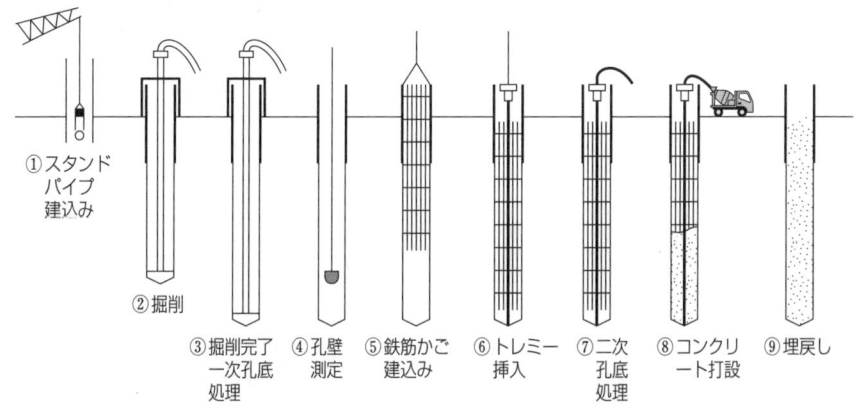

①掘削　②支持層確認根入れ掘削　③孔底処理（一次処理）　④鉄筋建込み　⑤トレミー建込み　⑥生コン打込み　⑦トレミーケーシングチューブ引抜き　⑧埋戻し

（b）リバース工法

①スタンドパイプ建込み　②掘削　③掘削完了一次孔底処理　④孔壁測定　⑤鉄筋かご建込み　⑥トレミー挿入　⑦二次孔底処理　⑧コンクリート打設　⑨埋戻し

▲ 場所打ち杭工法

ケーソン基礎（道路橋示方書・同解説下部構造編）

鉄筋コンクリート製の箱を地上で制作し，内部を掘削し地上に沈めるもので，オープンケーソンとニューマチックケーソンの二種類がある．

項　目	オープンケーソン	ニューマチックケーソン
掘削方法	バケットなどの掘削機械による．	圧縮空気で水を排除し，人力または機械掘削をする．
施工順序	刃口の据付→躯体の構築→掘削→沈下	刃口の据付→作業室構築→艤装→掘削→沈下→底詰コンクリート
地盤の確認	水中作業となり，確認が困難である．	作業室内で直接支持層を確認でき，載荷試験も可能である．

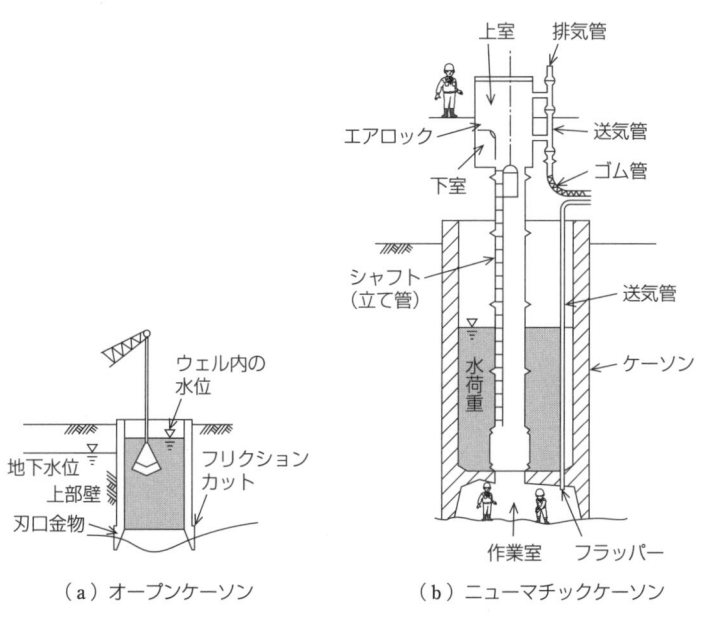

（a）オープンケーソン　　（b）ニューマチックケーソン

▲ ケーソン

4-6 土留め工

■ 土圧を抑える

土留め工法（建設工事公衆災害防止対策要綱）

▼ 工法の形式と特徴

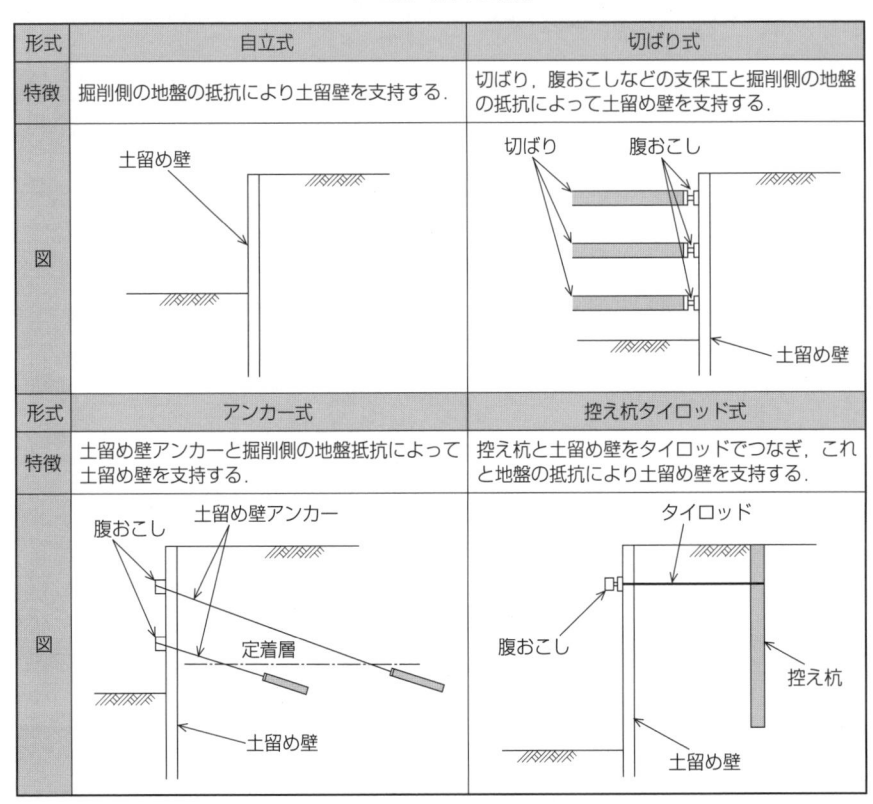

形式	自立式	切ばり式
特徴	掘削側の地盤の抵抗により土留壁を支持する．	切ばり，腹おこしなどの支保工と掘削側の地盤の抵抗によって土留め壁を支持する．
図	（土留め壁）	（切ばり，腹おこし，土留め壁）

形式	アンカー式	控え杭タイロッド式
特徴	土留め壁アンカーと掘削側の地盤抵抗によって土留め壁を支持する．	控え杭と土留め壁をタイロッドでつなぎ，これと地盤の抵抗により土留め壁を支持する．
図	（腹おこし，土留め壁アンカー，定着層，土留め壁）	（タイロッド，腹おこし，控え杭，土留め壁）

▼ 土留め工の構造

名称	特徴
腹おこし	土留め壁からの荷重を受け，これを切ばり，タイロッド，アンカーなどに均等に伝えるものである．
切ばり	腹おこしからの荷重を均等に支え，土留めの安定を保つ．腹おこしとは垂直かつ密着して取り付ける．
火打ち	腹おこし，切ばりの支点間隔が長いと座屈が発生しやすい．座屈長を短くするために用いられる．
中間杭	切ばりの座屈防止，覆工受け桁からの荷重支持が目的で切ばりの交点などに設置する．

4-6 土留め工

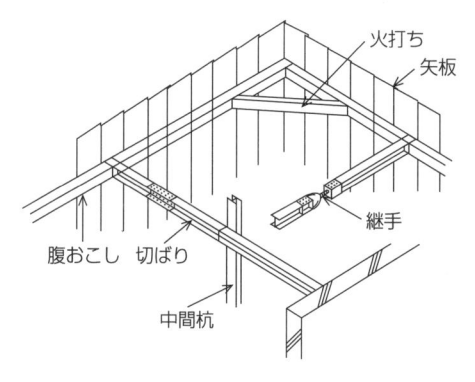

▲ 土留め工

地中連続壁（道路橋示方書・同解説下部構造編）

　土留め壁として，地中に場所打ちコンクリート壁を連続して設置したもので，壁式と柱式の2種類がある．

　剛性や止水性が大きく，施工深度の変化に対して適用性が大きい．本体構造物の一部として用いることができる．

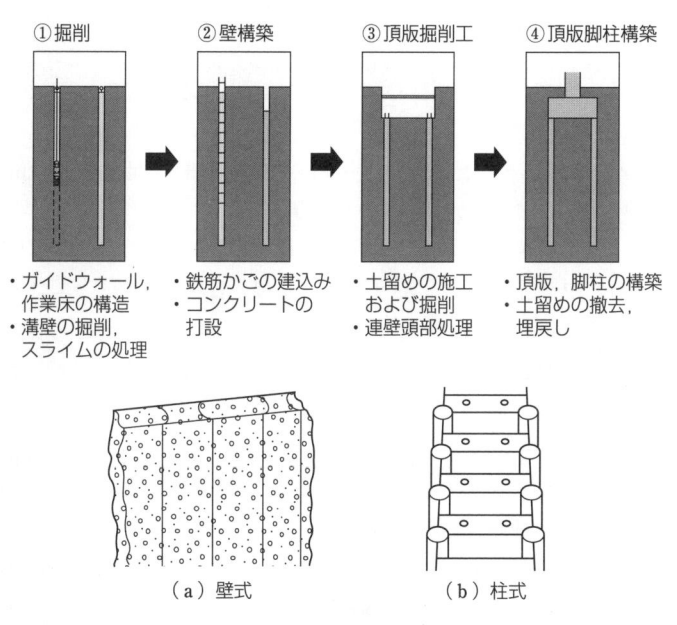

①掘削
・ガイドウォール，作業床の構造
・溝壁の掘削，スライムの処理

②壁構築
・鉄筋かごの建込み
・コンクリートの打設

③頂版掘削工
・土留めの施工および掘削
・連壁頭部処理

④頂版脚柱構築
・頂版，脚柱の構築
・土留めの撤去，埋戻し

（a）壁式　　（b）柱式

▲ 地中連続壁

4-7 コンクリート材料

■ コンクリートを作る

コンクリート材料

セメント，水，骨材，混和材料によって作られる．
- **セメント**：ポルトランドセメント，混合セメント，特殊セメントがある．
- **水**：練混ぜには清浄な水を用い，泥水や海水は用いない．
- **骨材**：細骨材と粗骨材に分けられる．
- **混和材料**：混和材と混和剤に分けられる．

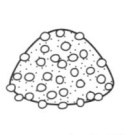

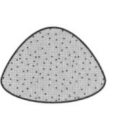

（a）セメント　　（b）水　　（c）砂利，砂　　（d）混和材料

▲ コンクリート材料

セメント

水和反応により硬化する．
- **ポルトランドセメント**：普通・早強・超早強・中庸熱・低熱・耐硫酸塩ポルトランドセメント（低アルカリ形）の6種類．
- **混合セメント**：高炉セメント（A種，B種，C種），シリカセメント（A種，B種，C種），フライアッシュセメント（A種，B種，C種），エコセメントの4種類．
- **特殊セメント**：超速硬セメント，アルミナセメント，カラーセメント，その他（コロイドセメント，油井セメントなど）．

骨　材

いわゆる砂利，砂，砕石などである．
- **細骨材**：10 mm 網ふるいを全部通り，5 mm 網ふるいを質量で85％通るもの．
- **粗骨材**：5 mm 網ふるいに質量で85％以上留まるものをいう．
- **骨材の種類**：砕石および砕砂，スラグ骨材，人工軽量骨材ならびに砂利および砂とする．

混和材料

コンクリートの耐久性，化学抵抗性などを改善するものである．

- **混和材**：代表的なものとしてフライアッシュがあり，コンクリートのワーカビリティーを改善し，単位水量を減らし，水和熱による温度上昇を小さくすることができる．練上がりコンクリートの容積に算入する．
- **混和剤**：AE 剤，AE 減水剤などがあり，ワーカビリティー，凍霜害性，単位水量および単位セメント量を減少させる．練上がりコンクリートの容積に算入しない．

アルカリ骨材反応

ひび割れの原因となる．

- **アルカリ骨材反応**：セメント中のアルカリと骨材中のシリカ質が反応し，膨張，ひび割れが発生する．
- **反応抑制対策**：アルカリシリカ反応性試験で無害と判定された骨材を使用する．コンクリート中のアルカリ総量を $3.0\,\text{kg/m}^3$ 以下にする．高炉セメント（B 種，C 種），混合セメント（B 種，C 種）を使用する．

コンクリートの性質

- **ワーカビリティー**：コンクリート施工の作業が容易にできる程度を表すフレッシュコンクリートの性質．
- **コンシステンシー**：水量の多少によって左右されるフレッシュコンクリートの変形または流動に対する抵抗の度合いを表す．コンシステンシーが小さいと打込み，締固め作業は容易だが，材料分離を起こしやすい．
- **スランプ試験**：高さ 30 cm のスランプコーンにコンクリートを入れ，このコーンを引き抜いたときの沈下量を測る．スランプが大きいと柔らかい．
- **体積変化**：温度が上昇すると膨張し，冷えると収縮する．また，湿度が高いと膨張し，乾燥すると収縮する．

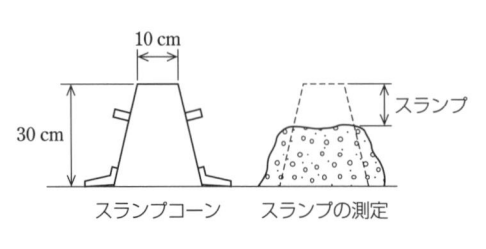

■第4章 土木施工一般の共通知識

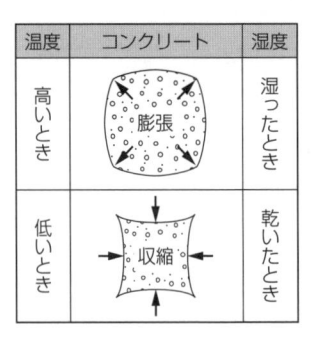

▲ スランプ試験と体積変化

コンクリートの配合

コンクリートの品質が左右される．
- **単位水量**：コンクリート1 m³を作るときに用いる水の量
- **単位セメント量**：コンクリート1 m³を作るときに用いるセメントの量
- **水セメント比**：単位水量（W）を単位セメント量（C）で割った比率（$W/C \times 100\%$）
- **良好なコンクリートの配合**：作業に適したワーカビリティが得られる範囲内で，単位水量，水セメント比をできるだけ少なくする．最大寸法の大きな粗骨材を用いることにより，細骨材率を小さくする．

4-8 コンクリート施工

■ 構造物を造る

型枠を組み立てる

- **せき板**：型枠のコンクリートに直接接する部分で，はく離材を塗布する．
- **締付け材**：ボルトまたは棒鋼を用い，型枠取外し後は表面から 2.5 cm 部分は取り去り，穴はモルタルで埋めておく．
- **コンクリートの側圧**：コンクリートの温度が低いほど，スランプが大きいほど型枠への側圧は大きくなる．
- **転用回数**：合板の場合 5 回程度，プラスチックの場合 20 回程度，鋼製型枠の場合 30 回程度を目安とする．

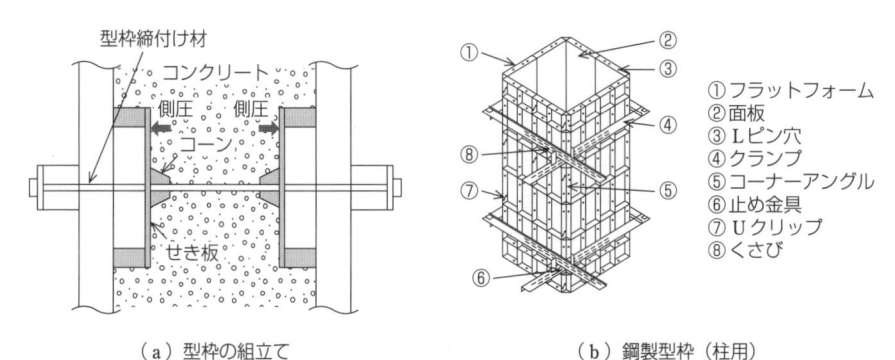

(a) 型枠の組立て

(b) 鋼製型枠（柱用）
① フラットフォーム
② 面板
③ Ｌピン穴
④ クランプ
⑤ コーナーアングル
⑥ 止め金具
⑦ Ｕクリップ
⑧ くさび

▲ 型枠

型枠を取り外す

- **取外しの時期**：所定の強度として，下表のように示されている．
- **取外しの順序**：下表の圧縮強度の小さい部材から先に外していく．

部材面の種類	例	圧縮強度〔N/mm²〕
厚い部材の鉛直面，小さいアーチの外面	フーチングの側面	3.5
薄い部材の鉛直面，小さいアーチの内面	柱，壁，はりの側面	5.0
スラブ，はり，45°より緩い下面	スラブ，はりの底面	14.0

鉄筋を組み立てる

部材に生じる引張応力に抵抗する．

- **鉄筋の加工**：常温で加工し，加熱加工はしない．また，曲げ加工した鉄筋の曲戻しは一般に行わない．
- **継手位置**：できるだけ応力の大きい断面を避け，同一断面に集めない．
- **鉄筋の溶接**：原則として溶接はしてはならない．やむを得ず溶接した鉄筋を曲げ加工する場合には溶接した部分を避けて曲げ加工する．
- **かぶり**：鋼材（鉄筋）の表面からコンクリート表面までの最短距離を表す．
- **組立て用鋼材**：鉄筋の位置を固定するために必要なばかりでなく，組立てを容易にする点からも有効である．
- **スペーサ**：型枠に接する部分には，モルタル製，コンクリート製のものを使用する．
- **鉄筋の交点**：直径 0.8 mm 以上の焼なまし鉄線またはクリップで緊結する．

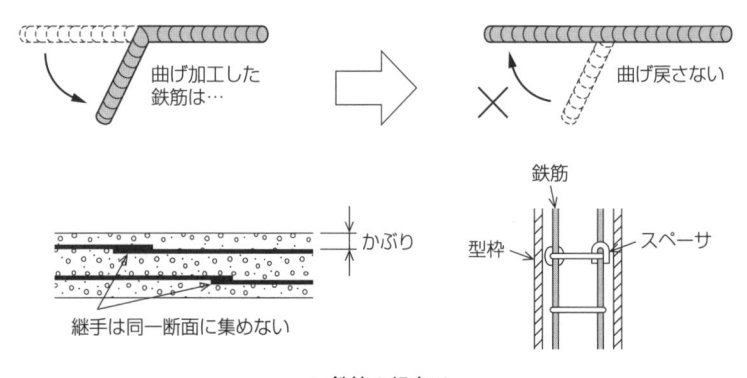

▲ 鉄筋の組立て

コンクリートを運搬する

- **コンクリートポンプ車**：管径は大きいほど圧送負荷は小さいが，作業性は低下する．配管経路は短く，曲がりを少なくする．
- **バケット**：排出が容易で材料分離の起こしにくいものとする．
- **シュート**：縦シュートの使用を原則とし，コンクリートが 1 箇所に集まらないようにする．使用前後に水洗いし，使用に先がけてモルタルを流下させる．
- **ベルトコンベア**：終端にはバッフルプレート，漏斗管を設け材料分離を防ぐとともに，横移動を少なくするために，適当に移動させる．

4-8 コンクリート施工

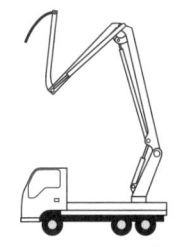

(a) コンクリートポンプ車によるもの
(b) バケットによるもの
(c) シュートによるもの
(d) ベルトコンベアによるもの

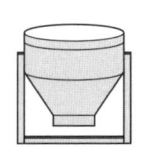

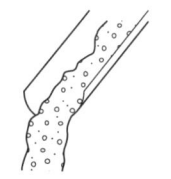

▲ コンクリートの運搬

コンクリートを打設する

- **打設時間**：練混ぜから打ち終わるまでの時間は，外気温が25℃を超えるときで1.5時間，25℃以下のときでも2時間を超えない．
- **打設方法**：鉄筋の配置や型枠を乱さない／目的の位置に近いところにおろし，型枠内で横移動させない／一区画内では完了するまで連続で打ち込む／一区画内ではほぼ水平に打ち込む／2層の場合は各層のコンクリートが一体となるようにする／表面にブリーディング水がある場合は，これを取り除く．

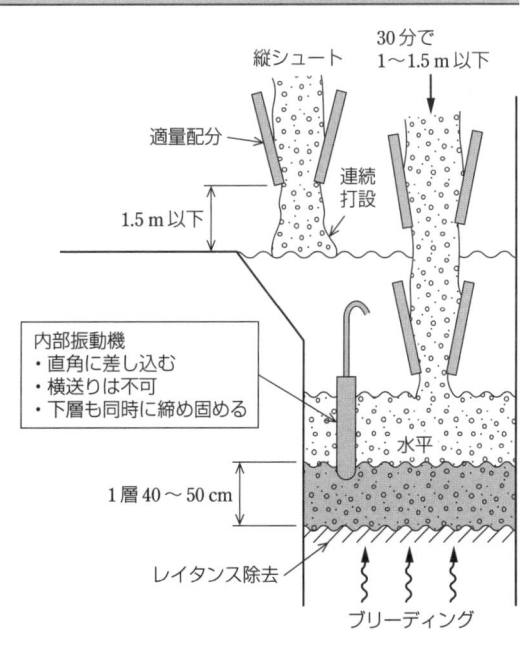

縦シュート
30分で1～1.5 m以下
適量配分
連続打設
1.5 m以下
内部振動機
・直角に差し込む
・横送りは不可
・下層も同時に締め固める
水平
1層40～50 cm
レイタンス除去
ブリーディング

▲ コンクリートの打設

コンクリートを締め固める

内部振動機を用いる．
- **締固めの目的**：コンクリートの空げきを小さくし，緊密にする．
- **内部振動機**：下層のコンクリート中に10 cm程度挿入する／鉛直に挿入し，間隔は50 cm以下とする／横移動に使用してはならない／1箇所当たりの振動時間は5～15秒とする．

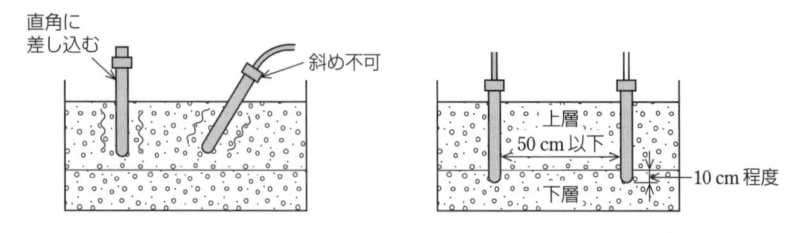

▲ 内部振動機の取扱い

打継目

- **位置**：せん断力の小さい位置に設け，方向は圧縮力と直角にする／設計で定められた継目位置を，現場の都合で変更しない．
- **施工**：旧コンクリート面をワイヤブラシ，チッピングなどで粗にする／十分に吸水させ，セメントペースト，モルタルを塗る／型枠を強固に締め直す．

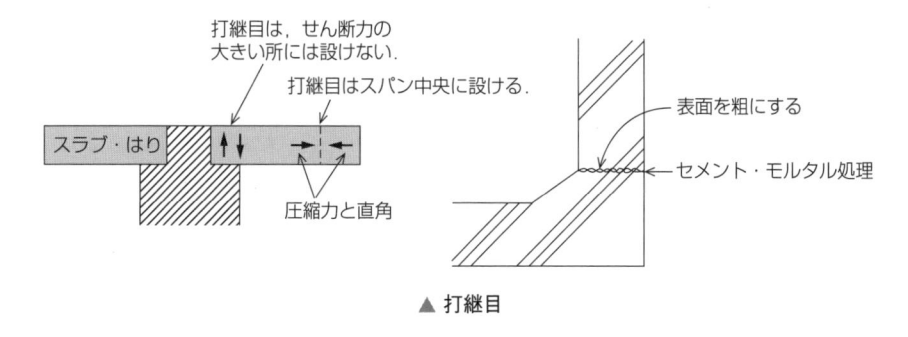

▲ 打継目

養　生

- **湿潤養生**：表面を布などで湿潤状態に保ち，下表を目安として養生期間を保つ．

日平均気温	普通ポルトランドセメント	混合セメントB種	早強ポルトランドセメント
15℃以上	5日	7日	3日
10℃以上	7日	9日	4日
5℃以上	9日	12日	5日

- **膜養生**：湿潤養生が困難な場合に用いるもので，表面に膜ができる養生剤を散布する／コンクリート表面の水光りが消えた直後に行う／散布が遅れるときは，膜養生剤を散布するまではコンクリートの表面を湿潤状態に保つ．

（a）湿潤養生　　　　　　　　　　（b）膜養生

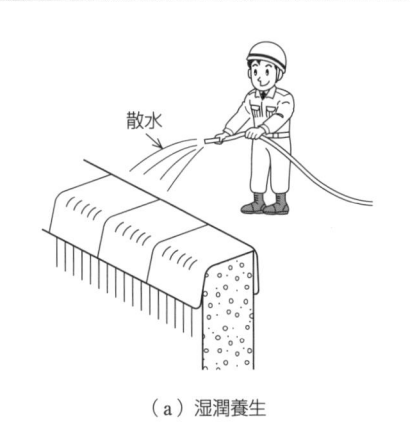

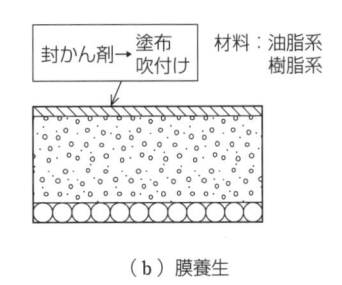

▲ 養　生

コンクリートの工場製品

硬化促進を目的とする常圧蒸気養生を用いる．
- **強度**：一般の工場製品は，材齢 14 日における圧縮強度の試験値で表す．
- **骨材**：工場製品に用いる粗骨材の最大寸法は，工場製品の厚さの 2/5 以下でかつ鋼材の最小あきの 4/5 以下とする．
- **養生**：練混ぜ後，2～3 時間以上経ってから蒸気養生を行う／蒸気養生の上昇温度は 1 時間につき 20℃以下，最高温度は 65℃とする／養生室の温度は徐々に下げ，外気の温度と大差がないようになってから製品を取り出す．

特別なコンクリート

特に外気温に注意する．
- **寒中コンクリート**：4℃以下のときに施工し，打込み時のコンクリート温度は 5～20℃とする．
- **暑中コンクリート**：25℃を超えるときに施工し，打込み時のコンクリート温度は 35℃以下とする．
- **水中コンクリート**：一般の水中や，場所打ち杭，地下連続壁の施工に用いる／配合の標準は，水セメント比 50％以下，スランプ値 13～18 cm とする．
- **マスコンクリート**：最小部材寸法が 80 cm 以上の体積の大きいコンクリートで，セメントの水和熱による温度上昇を少なくする施工とする．

第4章 土木施工一般の共通知識

土木豆辞典

■ 土木用語（1）

名　称	説　明
あだ折り（別名：小はぜ）	トタン、ブリキなどの鉄板の端を折り返すことで、強度の増加と、けがの防止を兼ねる．
跡坪（あとつぼ）	いわゆる地山土量の昔の呼び方．昔は土量を立方米の表示でなく立方坪で表した名残．
あばた（別名：じゃんか）	コンクリートの表面に骨材が出たり、空洞ができる状態をいう．コンクリート打設時の締固め不足が原因．
あんこ	発破用の穴に爆薬挿入後に粘土などを詰め込み、爆破力を集中させ、破壊力を増大させる．
いってこい	軌道や索道などで、台車や搬器が対称に往復すること．損得やプラスマイナスが同じになる意味で使われる．
犬走り	河川やため池の堤防の下流斜面の一番下にある水平部分をいう．犬は魔物を監視するものとして、漏水という魔物を監視するために犬が走り回る通路の意味をいう．
ウエス	掃除や油ものを扱う際に使用するぼろ布
打って返し	型枠などのように、一度使ったものを、二度、三度と繰り返して使うこと．
縁切り	コンクリート擁壁やコンクリート舗装などで、伸縮の影響を吸収する施工目地をいい、伸縮目地剤などを入れる．
拝み	屋根などの下り勾配の角度をいう．
拝む	擁壁などの構造物が土圧や沈下で前かがみに傾くこと．
架け樋（かけひ）	水路橋の昔の呼び名．
掛矢（かけや）	木杭を打ち込むときに使う堅木で作られた大きい木槌．
かまぼこ	築堤や路盤において沈下を見込んで、表面をかまぼこ形に少し高く仕上げること．
がん首	コンクリートをシュートで流し込むとき、方向転換するための回転接合部．

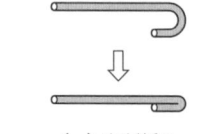

（a）あだ折り

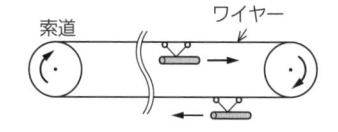

（b）いってこい

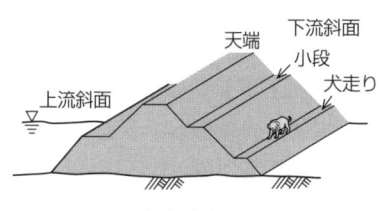

（c）犬走り

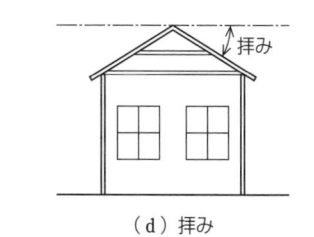

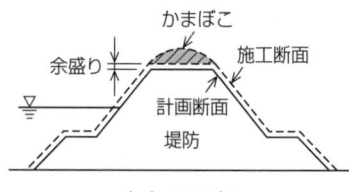

（d）拝み

（e）かまぼこ

第5章

施工の準備

計画から発注まで

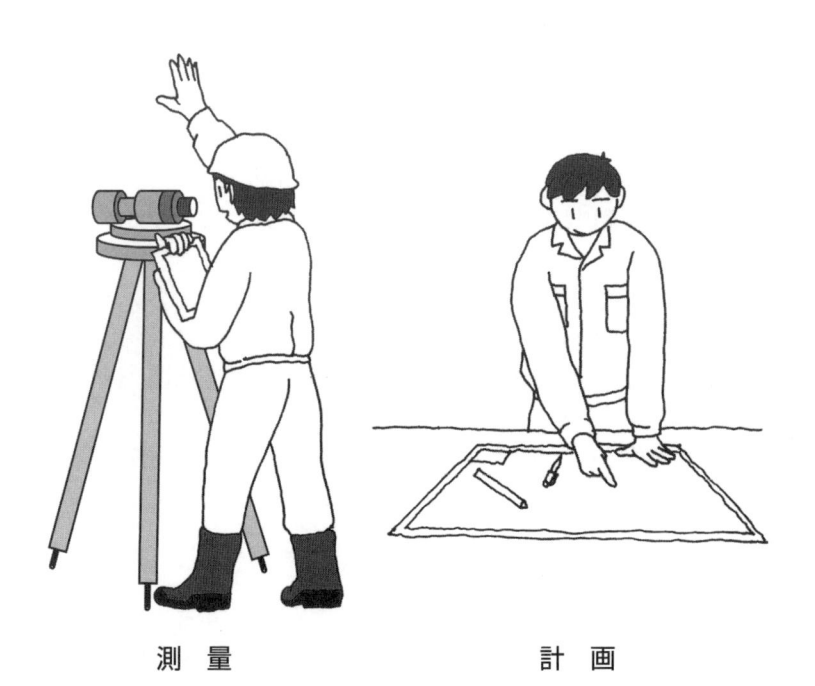

測量　　　　　計画

5-1 事業計画

■ 計画を立てる

　土木工事のほとんどは公共事業によるものが多く，本来，関係住民を含めすべての国民に理解され，期待されて実施されるべきものである．しかし，時には一方的な行政主導により，関係住民の理解が得られないまま強行実施され，大きな問題に発展していくケースが見受けられる．反対意見の理由としては，**無駄な公共事業**（税金の無駄遣い），**環境破壊**，**公害発生**から**補償などの金銭問題**に至るまでさまざまな原因が考えられ，現に大きな訴訟問題として争われているものもある．

　しかしながら，これらの争いの原因を辿っていくと，事前調査・計画時におけるわずかな不手際あるいは内容不足によるものや，住民の意向調査を含め理解を得るための努力を怠ったために生じたケースが数多くあることも否めない事実である．

　技術的，経済的な面を考慮したフィージビリティスタディ（事業可能性調査）を確実に行うとともに，住民側の意向も理解し，情報公開，詳細説明を行う努力を続けるべきである．

フィージビリティスタディ（事業可能性調査）

　土木事業として成り立つかどうかを判断するため情報を収集・分析し，実行可能性を評価するもので，内容は主に以下のとおりである．

- **事業の具体化**：事業の目的を確立し，規模を具体化し，関係機関のコンセンサスを得る．
- **予備調査，需要予測**：現地踏査，既存資料の調査，分析やヒアリングなどにより完成後の需要の予測を行う．
- **概略設計**：技術的な可能性を検討するための概略の設計を行い，新工法などの採用を含め検討する．
- **投資効果**：事業完成後の各種効果を費用に換算し，事業費と比較することにより投資効果を検討する．

住民説明・意向調査

　事業の利害関係者を含め，地域住民，関係者に対して，事業の必要性，事業内容を正確に説明するとともに，反対意見をも含めた住民の意向を把握するための調査を行う．

- **広報資料**：その地域になぜこの土木事業が必要かを，専門知識についてビジュ

アルを交えわかりやすく説明するとともに，プラスの影響のみならず，環境，公害などのマイナスの影響も正確に示し，それに対する対策をも表すものとする．
- **ワークショップ**：行政側からのトップダウンではなく，住民からのボトムアップを目指した，近年よく行われている手法である．本音が出やすい少人数のグループに分け，地域の歴史，文化の再発見から事業への要望などを図面などに具体的に表すような共同作業を行いながら，意思の疎通を図っていく．

環境アセスメント

事業の実施により自然環境に与える影響を事前に調査し，環境基本法に基づく環境基準と照らし合わせた評価を行う．
- **評価項目**：代表的な項目として，**大気汚染，水質汚濁，植物への影響，動物への影響**について調査，評価を行う必要がある．
- **代替案**：環境への影響が大きい項目に関して，影響を低減させるための代替案の検討や，最悪の場合は事業の中止をも提案できるものである．

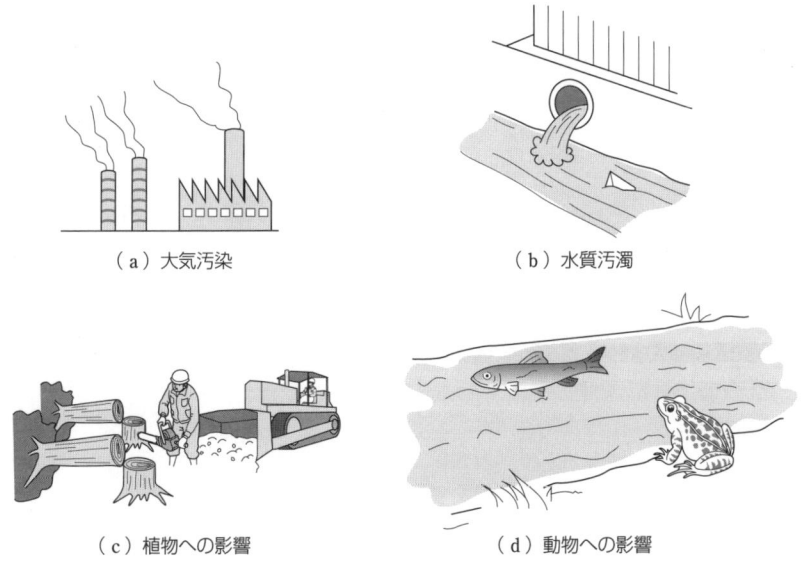

（a）大気汚染　　　　　　　　（b）水質汚濁

（c）植物への影響　　　　　　（d）動物への影響

▲ 環境アセスメントの評価

ライフサイクルアセスメント

　築造される施設・構造物の評価を，生まれてから（施工）死ぬまで（廃棄・解体）の一生としてとらえ，施工費用，維持管理費はもちろんのこと，環境などへの正負の影響，解体および再利用までのすべてを評価するものである．

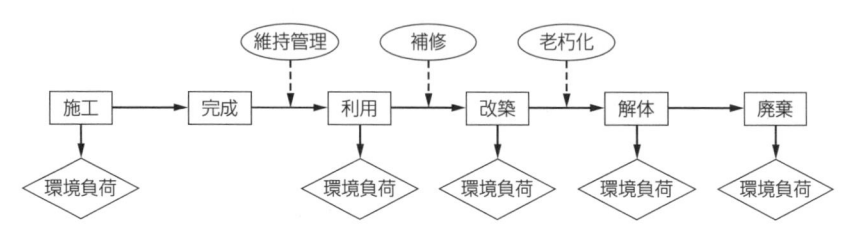

▲ 構造物のライフサイクル

5-2 測量

■ 地形を測り位置を知る

　土木工事は，基盤となる土地の上に構造物を築造するものであり，その土地の形，高さを正確に測るとともに，トンネルや道路，鉄道，橋などの構造物では始点と終点の位置を正確に把握する必要がある．

基準点

- **三角点**：全国共通の座標で表す網目状（三角網）の頂点で，山頂や見通しの良い場所に標石などを埋設して定められ，精度および間隔により表のような等級に区分される．

等　級	間　隔	全国設置数
一等三角点	約 45 km（補点 25 km）	約 972 箇所
二等三角点	約 8 km	約 5 000 箇所
三等三角点	約 4 km	約 32 000 箇所
四等三角点	約 2 km	約 64 000 箇所

▲ 一等三角点

- **水準点**：位置の基準点である三角点とは別に，標高の基準として水準点が設置されている．水準点は，東京の国会議事堂前庭にある日本水準原点の高さ24.414 m を基準に，主要な国道に約 2 km ごとに一等水準点を設置し，精度により二等水準点，三等水準点と順次設置され，全国で約 2 万点ある．このほかに設置目的などにより基準，道路，準基準，交差点，渡海，験潮場附属，無号・固定点などの水準点があり，点の記や成果表に記載されている．

J.P.＋9.1065			
Y.P.＋8.7701		T.P.＋7.9299	飯沼水準原標石（日本水位尺）
		T.P.±0.0	東京湾中等海水面（一般標高零点）
Y.P.±0.0		T.P.－0.8402	堀江量水標零位（利根川）
A.P.±0.0		T.P.－1.1344	霊岸島量水標零位（荒川）
O.P.±0.0		T.P.－1.300	大阪基準局（淀川）

単位〔m〕

▲ 基準水位

- **基準面**：標高の基準面としては，全国的な水準を示す東京湾平均海面を基準とした TP 標高がある．また東京都な

第 5 章　施工の準備

どで用いられている隅田川口（荒川）霊岸島量水標の 0 m を基準とた AP や江戸川口の堀江量水標の 0 m を基準とした YP などがある．ちなみに営団地下鉄では，TP 標高に 100 m 加算した数値を用いることにより（−）表示を回避している．

測量機器の種類

以前は手作業による測量が主であったが，近年，光波，人工衛星，パソコンなどを利用した測量機器が開発され，測量精度が飛躍的に向上した．主な測量機器を下記に示す．

測量機器	内容
セオドライト	水平角と鉛直角を正確に測定する回転望遠鏡付き測角器械で，トランシットを含めた総称である．
光波測距儀	測距儀から測点に設置した反射プリズムに向けて発振した光波を反射プリズムで反射し，その光波を測距儀が感知し，発振した回数から距離を得る．1〜2 km までが測定可能である．
トータルステーション	光波測距儀の測距機能とセオドライトの測角機能の両方を一体化したもの．
GPS 測量機	GPS（Global Positioning System：汎地球測位システム）を利用する新しい測量方法で，人工衛星の電波を受信し緯度，経度を測定することにより，相対的な位置関係を知ることができる．
電子レベル	観測者が標尺の目盛りを読定する代わりに，標尺のバーコードを自動的に読み取り，パターンを解読して，設定値が表示される．同時に標尺までの距離も表示される．
自動レベル	レベル本体内部に，備え付けられた自動補正機構によりレベル本体が傾いても補正範囲内であれば，視準の十字線が自動的に水平になる．

測量の種類

測量は，法制度，方法あるいは目的により下記のように分類される．

①測量法による分類

基本測量	国土地理院が行う測量で，すべての測量の基礎となる．これにより，三角点，水準点が設置され，1/50 000 地形図などが作成される．
公共測量	基本測量以外の測量で，国または地方公共団体が費用を負担して実施する．
上記以外の測量	基本測量，公共測量の成果を利用して行う上記以外の測量．
その他の測量	基本測量，公共測量および上記以外の測量のいずれにも該当しない測量で，測量法の適用を受けない．

5-2 測　　量

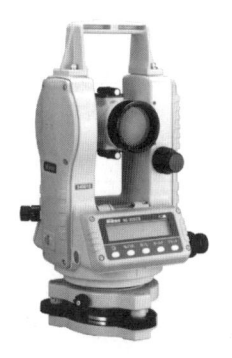

（a）セオドライト
　　（NE-20SCⅡ）

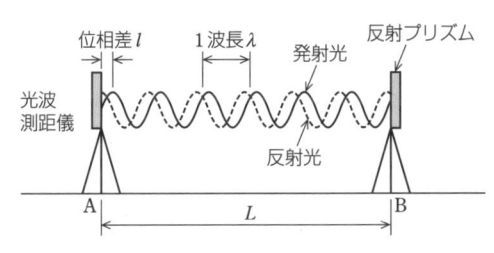

（b）光波測距儀
　　位相差 l　1波長 λ　発射光　反射プリズム
　　光波測距儀　　反射光
　　A　　L　　B

（c）トータルステーション
　　（フィールドステーション
　　GF-400 シリーズ）

（d）GPS 測量機
　　（Trimble® R8 GNSS）

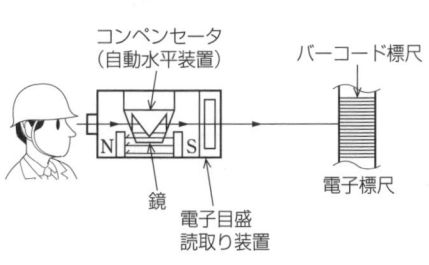

（e）電子レベル
　　コンペンセータ（自動水平装置）
　　バーコード標尺
　　鏡
　　電子目盛読取り装置
　　電子標尺

（f）自動レベル（AE-7）

▲ 測量機器（写真提供：株式会社ニコン・トリンブル）

第5章　施工の準備

②目的別による分類

基準点測量	三角測量，トラバース測量により求める地点の座標値を算定する．
工事測量	実施設計図に基づき，構造物の位置，高さなどを決定するための測量．
用地測量	土地の面積，境界などを確定し，地籍図を作成する．
地形測量	土地の形状を測定し，地形図を作成する．
路線測量	道路，水路，鉄道工事などの線状構造物の施工に必要な測量で，中心線測量，縦横断測量，幅杭設置測量などを行う．
河川測量	河川の計画，維持管理の資料を作成するために，水位測量，深浅測量を行う．
その他	各目的に応じ，トンネル測量，港湾測量，市街地測量，農地測量，森林測量，建築測量などがあるが，後述の方法別測量を組み合わせて行う．

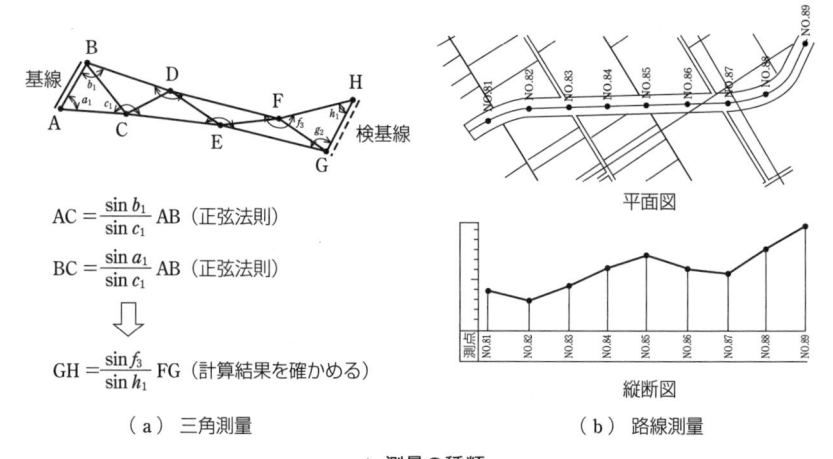

$AC = \dfrac{\sin b_1}{\sin c_1} AB$ （正弦法則）

$BC = \dfrac{\sin a_1}{\sin c_1} AB$ （正弦法則）

⇩

$GH = \dfrac{\sin f_3}{\sin h_1} FG$ （計算結果を確かめる）

（a）三角測量　　　　　　　　　　（b）路線測量

▲ 測量の種類

③方法別による分類

三角測量	測量区域において適当な三角網を設定し，三角形の1辺と両端の内角あるいは三角網の全辺を測定し，三角形の性質（正弦法則）を利用して，測点位置を定める．
多角測量（トラバース測量）	見通しのきかない2点間の距離を求めたり，多角形の中の面積を求める時に，測点を折れ線上に設定し隣接点間の交角と距離を測定して位置を定める．
水準測量	2地点以上の高低差，標高を求め，地表面の断面形状を求める．
平板測量	地形図を作成するために昔から行われてきた基本の測量であり，平板とアリダードを使用して行う．
写真測量（航空測量）	空中写真，地上写真を使用し地形の状態を測定し図化するもので，広い区域の測量に適する．
GPS測量	人工衛星の電波を受信し緯度，経度を測定することにより，相対的な位置関係を知ることができる汎地球測位システムを利用する新しい測量方法である．
トータルステーションによる測量	トータルステーション，データコレクタ，パソコンを利用するもので，基準点測量，路線測量，河川測量，用地測量などに用いられる．

5-2 測　量

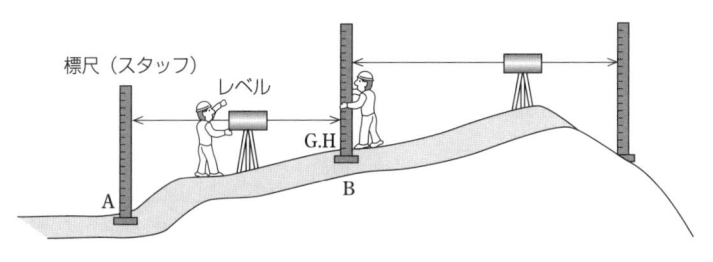

▲ 水準測量

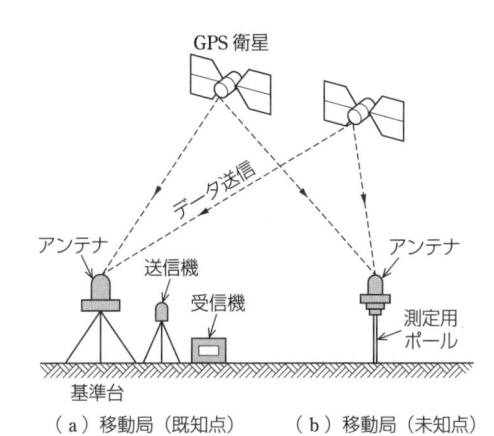

▲ GPS 測量

主要な地図の記号

市役所	官公署	病　院	消防署	警察署
◎	ö	⊻	Y	⊗
交　番	小中学校	高等学校	発電所	工　場
X	文	⊗	☼	☼
図書館	神　社	寺　院	郵便局	田
▯	〒	卍	⊖	‖
畑	果樹園	茶畑	広葉樹林	針葉樹林
∨	○	∴	♀	∧

5-3 設　　計

■ 計算をして図面を作る

設計の意義・目的

　設計とは，発注者側の意図する目的物を，安全性，耐久性および品質面を満足し，かつ経済的に造り上げるために図面，仕様書などの設計図書に表すことである．

　土木構造物は主として公共構造物が多く，数十年の長期にわたり利用されるものが多く，その設計図書によって，受注者である施工業者が忠実に造り上げることから，1つの設計ミスから取り返しのつかない大事故につながるおそれも生じる．

　土木の設計は，専門知識を必要とすることから，計画，調査を含め建設コンサルタンツに委託されるケースがほとんどである．そのため，コンサルタンツ技術者の果たす役割とその責任は非常に重いものとなりつつある．

設計の種類

　一般に設計とは，土木工事発注の際の設計図書を作成するための実施設計を表すことが多いが，それ以外でも各プロセス，内容により異なる種類の設計がある．

● 事業プロセスにおける設計の種類

　事業の流れの中で，それぞれの設計の果たす役割は異なる．基本的な流れを下図に示す．

概略設計	フィージビリティスタディ（事業可能性調査）における技術的可能性検討のための設計を実績，事例を参考に行う（既存の地形図などを使用し検討する）．

　　　　　　　　　　　　　　↓

予備設計	位置，規模，工法などについて比較検討を行い，基本方針を決定する（主要部分の地形測量，水準測量を行う）．

　　　　　　　　　　　　　　↓

基本設計	基本方針に基づき，主要工事，構造物などについて構造・安定計算を行い，設計図，概略工事費を算出する（工事に関係するすべての地域において，地形測量，基準点測量，水準測量を行う）．

　　　　　　　　　　　　　　↓

詳細（実施）設計	すべての工事，構造物などについて構造・安定計算を行い，設計図，設計図書を作成し，積算および工事発注が可能な状態に仕上げる（構造物の座標計算，用地測量を含めて行う）．

※事業の種類，規模により省略あるいは同時に行うこともできる．

設計図書(公共工事標準請負契約約款)

設計図書は,施工計画を作成するための前提となるもので,主として工事目的物の形状,寸法,品質,規格,数量,施工条件などを示すものである.
公共工事標準請負契約約款において,以下の図面,書類が定められている.

設計図面	施工位置図/一般平面図/構造・配筋図/施設詳細図/施工・仮設図/土工図/設備図/その他
仕様書	発注者側で工事種類ごとに定めた共通仕様書と,発注工事に関する明細または工事に固有の技術的要求が示された特記仕様書がある.
現場説明書	工事の入札に参加する者に対して発注者が当該工事の契約条件などを説明するための書類.
質問回答書	現場説明に関する入札参加者からの質問書に対しての発注者側の回答書面.

建設コンサルタンツの役割

近年土木工事において,フィージビリティスタディ(事業可能性調査)を含む概略設計から詳細設計に至るまで,すべてのプロセスにおいて建設コンサルタンツへ委託するケースが多くなっている.工事に関する幅広い専門技術を要求されるとともに,発注者側の代理業務の性格も含まれており,常に秘密の保持,中立,公正の保持に努めなければならない.
建設コンサルタンツ倫理綱領として下記の点が示されている.

基本理念	社会のニーズに応えて,技術に関する知識と経験を駆使し,社会の健全な発展に寄与する建設コンサルタントの使命と職責を自覚し,信義に基づき誠実に職務の遂行に努め,職業上の地位および社会的評価の向上を図らなければならない.
品位の保持	常に建設コンサルタントとしての品位の保持に努めなければならない.
専門技術の権威保持	常に幅広い知識の吸収と技術の向上に努め,発注者の良き技術パートナーとして,技術的確信のもとに業務にあたらなければならない.
中立・独立性の堅持	建設コンサルタントを専業とし,建設業者または建設業に関係ある製造業者などと,建設コンサルタントとしての中立・独立性を害するような利害関係をもってはならない.また,発注者の支払う報酬以外いかなる利益をも受けてはならない.
秘密の保持	依頼者の利益を擁護する立場を堅持するため,業務上知り得た秘密を他に漏らしてはならない.

5-4 積　　算

■ 工事費を計算する

積算の意義・目的

　土木工事，特に公共工事において重要な目標として**コスト**，**品質**，**公正・公平**の3点があげられる．そのような中で，契約に至る直前のプロセスとして，**積算**は非常に重要なものとして位置づけられる．

　特に**積算**結果は，そのまま公共予算に反映されるものであり，小さな積算ミスが，大きな**税金の無駄遣い**になりかねない．

　発注者側から提示される**設計図書**，**特記仕様書**が，受注者側から見てもわかりやすく，共通の理解のもとに工事内容を把握できることが重要である．

工事費の構成

- 請負工事費の構成は下記のようになっている．

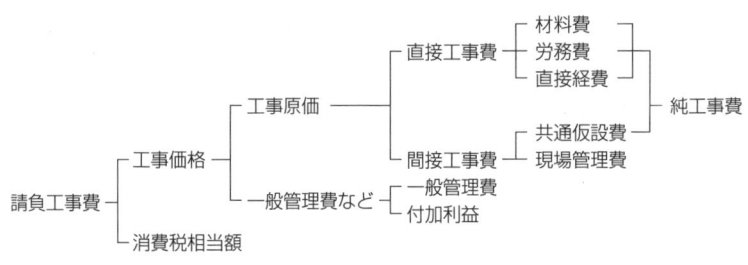

```
請負工事費 ─┬─ 工事価格 ─┬─ 工事原価 ─┬─ 直接工事費 ─┬─ 材料費    ┐
            │            │            │              ├─ 労務費    ├─ 純工事費
            │            │            │              └─ 直接経費  ┘
            │            │            └─ 間接工事費 ─┬─ 共通仮設費
            │            │                           └─ 現場管理費
            │            └─ 一般管理費など ─┬─ 一般管理費
            │                                └─ 付加利益
            └─ 消費税相当額
```

（a）請負工事費の構成

```
直接工事費 ─┬─ 材料費
            ├─ 労務費
            └─ 直接経費 ─┬─ 特許使用料
                          ├─ 水道光熱電力料
                          └─ 機械経費 ─┬─ 機械損料
                                        └─ 運転経費
```

```
間接工事費 ─┬─ 共通仮設費 ─┬─ 運搬費
            │              ├─ 準備費
            │              ├─ 事業損失防止施設費
            │              ├─ 安全費
            │              ├─ 役務費
            │              ├─ 技術管理費
            │              └─ 営繕費
            └─ 現場管理費
```

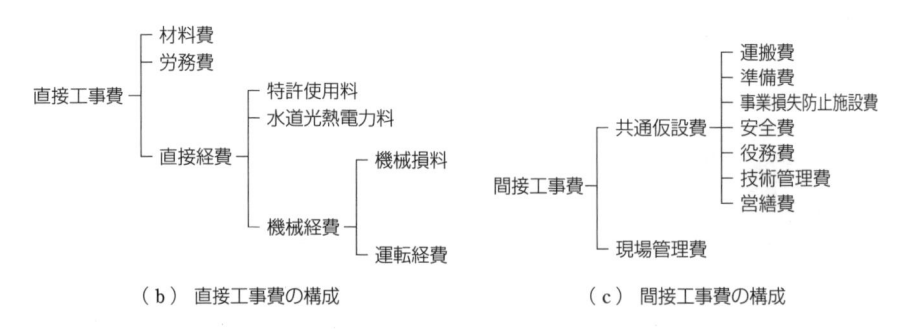

（b）直接工事費の構成　　　　　（c）間接工事費の構成

▲ 工事費の構成

- **工事原価**：工事現場において使用される材料，労務，機械，仮設物など工事管理に必要なすべての費用．

- **直接工事費**：工事目的物を造るために直接必要な費用で，材料費，労務費，水道光熱費，機械経費が含まれる．
- **間接工事費**：個々の工事目的物に必要な費用でなく，工事全体を通じて共通的に必要な費用で，下表の共通仮設費，現場管理費に分類される．

共通仮設費	準備費	準備および後片付け／調査，測量，丁張／その他施工上必要な準備作業
	営繕費	現場事務所，労働者宿舎，倉庫，火薬庫
	運搬費	建設機械，器具の運搬費／運搬基地
	技術管理費	品質管理試験費／出来型管理のための測量費／工程管理資料作成費
	役務費	土地借上げ費用／電力，水道基本料金
	安全費	交通管理費／安全施設費／その他安全対策費
	事業損失防止費	不測の事態による事業損失を防止するための費用
現場管理費	労務管理費	現場労働者の募集費用／慰安，娯楽などの厚生費／賃金以外の食費，通勤費
	保険料	自動車保険，工事保険，火災保険，その他損害保険
	補償費	工事に伴う物件毀損補償／騒音，振動などによる補償
	従業員給与など	現場従業員の給与，諸手当，賞与，退職金
	法定福利費	現場従業員の労災保険／雇用保険／健康保険／厚生年金などの負担金
	事務用品費	事務用消耗品費／新聞／参考図書購入費
	通信交通費	通信費／交通費／旅費
	外注費	下請けへの外注費
	その他	交際費／租税公課／安全訓練費／工事登録費用／雑費

- **一般管理費**：工事に直接関係なく，企業の本店や支店などにおける活動の費用で，受注工事代金に織り込まれる経費．

役員報酬	取締役への報酬
従業員給与など	従業員の給与，諸手当，賞与，退職金
法定福利費	従業員の労災保険／雇用保険／健康保険／厚生年金などの会社負担金
事務用品費	事務用消耗品費／新聞／参考図書購入費
通信交通費	通信費／交通費／旅費
調査研究費	技術研究／開発費など
広告宣伝費	広告，宣伝活動の費用
地代家賃	事務所，寮，社宅などの借地借家料
その他	福利厚生費／修繕維持費／電気水道光熱費／交際費／減価償却費／保険料

5-5 契約

■ 工事を発注，受注する

入札・契約方式の種類

　積算が終了し発注予定価格が決定されると，入札・契約へと移行していく．これまで，ほとんどの契約方式は価格競争による入札方式が主であったが，近年，談合問題への批判，競争激化からの低価格入札による品質低下などの問題を受けて，技術力，品質をも重視した契約方式が行われるようになってきた．

①**価格競争主体の入札方式**
- **一般競争入札**：入札の内容を公表して一定の資格を有する不特定多数の希望者を競争に参加させ，予定価格の制限の範囲内で最低の価格をもって入札した者を落札者として契約の相手方とする入札方式である．
- **指名競争入札**：資金力，実績，信用などについて適切と認められる特定多数の者を指名し，その中から予定価格の制限の範囲内で最低の価格をもって入札した者を落札者として契約の相手方とする入札方式である．

②**随意契約**
- **一般随意契約**：入札の方法によらないで，原則として複数の者から見積りを提出させ，予定価格の制限の範囲内で最低の価格をもって申込みをした者を契約の相手方とする契約方式である．少額の工事などに適用される．
- **特命随意契約**：目的に対して履行可能な者が特定な一者に限られるなど，一定の理由がある場合の契約方式である．官製談合の温床との批判を受けたことにより，大幅な制限を受け，公募または競争形式へ移行しつつある．
- **公募随意契約**：上記の特命随意契約に際し，履行可能な他者を広く公募することにより，条件を満たす他者があった場合に，競争入札へ移行する制度である．

③**プロポーザル，VE（バリューエンジニアリング）**
- **プロポーザル**：複数の業者から企画提案，技術提案および見積りを提出させ，提案内容を審査し，企画内容や業務遂行能力が最も優れた者と契約する方式である．審査には透明性，公正，公平性が重要となる．
- **VE**：目的物の機能を低下させずにコスト縮減を図ったり，同等のコストで機能を向上させる技術提案を指し，入札時に技術提案を受け付ける入札時VEと，契約後に技術提案を受け付け，設計図書と契約金額を変更する契約後VEの2種類がある．

総合評価落札方式

　民間企業が有する高度な新技術，新工法の提案を有効に活用することにより，コスト縮減，工事目的物の性能・機能の向上，工期短縮などの効率化を図ることを目的とした方式である．技術的な工夫の余地が大きい工事において，競争参加者に構造上の工夫や特殊な施工方法などを含め，環境の維持，景観とを評価項目にした技術提案と入札価格を総合的に評価して落札者を決定する方式である．最低価格提示者より高い価格の提示者が採用されるケースも多い．総合評価落札方式は，工事の種類により，簡易型，標準型，高度技術提案型の3種類に分けられる．

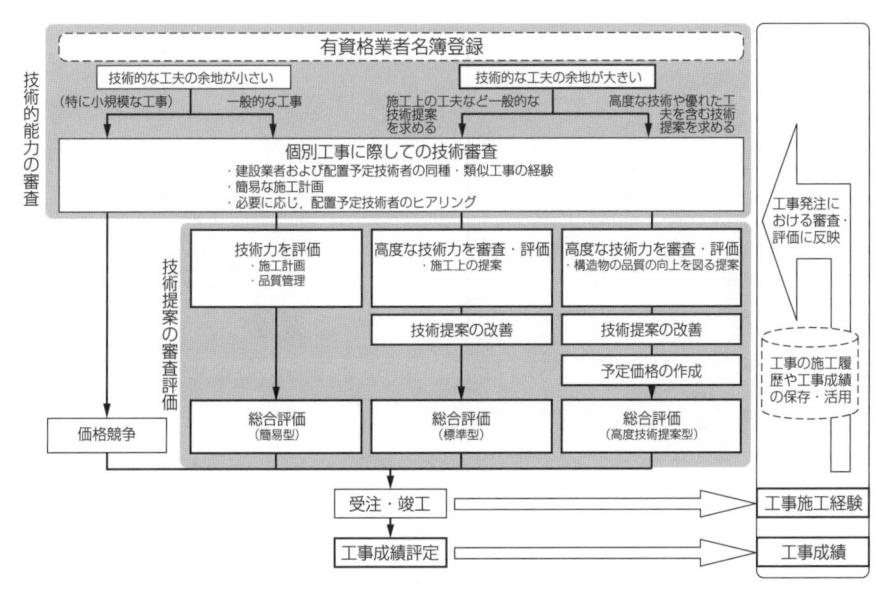

▲ 総合評価落札方式

■ 第5章 施工の準備

土木豆辞典

■ 土木用語（2）

名称	説明
かんざし	地中にアンカーを取る際のワイヤーロープに固定する横材のことをいう．
鍬入れ（くわ）	工事の開始に先立ち行う安全祈願のための地鎮祭で，盛砂に鍬入れを行うことから付いた．
化粧	土間コンクリートや壁などの最後の仕上げにモルタルで見栄えをよくすること．人間のお化粧と同じ．
げた	重量物などの下に敷く厚めの木材のことで，木材を敷くことを「げたをはかす」という．一般用語でも，多めにすることを「げたをはかす」と使う．
ごうへい	とび職の間で使われる言葉で，クレーンなどの操作者に対して，巻上げを指示する合図の言葉
ころび	擁壁や橋脚などの躯体の縦の傾斜角のこと（度で表す）．
さいころ	鉄筋と鉄筋あるいは型枠との間隔を保つためにはさむ，モルタルまたはコンクリートの小さなブロック（別名：キャラメル）
先棒	天秤棒で荷物を運ぶときに，前の方を担ぐ人．後を担ぐ人は後棒という．一般用語でも先頭に立って物事を行う場合に「先棒を担ぐ」と使われる．
差し金	直角に曲がっている物差し（「かね」とは直角のことをいう）
下ごしらえ	木材・石材などの使用の前にあらかじめ寸法などの加工をしておく．料理などでも使われる言葉である．
しの	番線（鉄線）を結束するために使う，先がややとがった鉄の棒．
シャコ	ワイヤーロープによる玉掛けの際に，先端に取り付ける金具（別名：シャックル）．

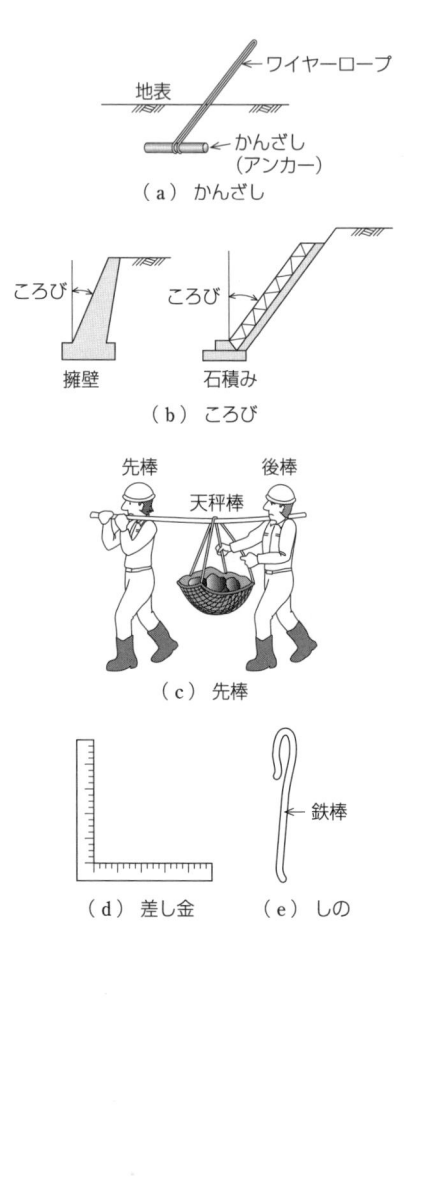

（a）かんざし

（b）ころび

（c）先棒

（d）差し金　　（e）しの

第6章

主な土木工事

土木が造るすごい物

6-1 河　　川

■ 水を治めて水を利用する

　降雨となって大地に落ちた水は，河川となって山を下り，平野を流れ，やがて海に流れ出てゆく．その間に生活用水として人々の暮らしを潤すとともに，時には洪水となって人々の生活を脅かすようになる．このように土木の分野においては，河川とは水の流れに関する最も中心的な位置を占めるものである．

河川の役割

　河川の果たす役割としては，治水，利水はもちろんのこと，運搬手段としての舟運，そして近年重要視されてきたのが環境資源としての役割である．

- **治水**：古くから，洪水による被害から人々の生活を守ることが，国を治める重要な条件とされてきた．ダム，遊水池などによる洪水調節，放水路，堤防，護岸，水制工および山地の砂防施設など，河川における土木技術の果たす役割は大きい．
- **利水**：生活用水をはじめ，農業用水，工業用水，発電用水の供給源として最も基本となるのが河川である．ダム，取水堰が主な利水施設となる．
- **舟運**：道路，鉄道のない時代には重要な物資運搬手段であったが，現在ではほとんど見受けられず，小規模の物資運搬や遊覧船などの観光が主体となっている．
- **環境資源**：河川水そのものでなく，河川区域における生態系保全，親水・修景施設，レクリエーション機能として近年河川の役割が重要視されつつある．

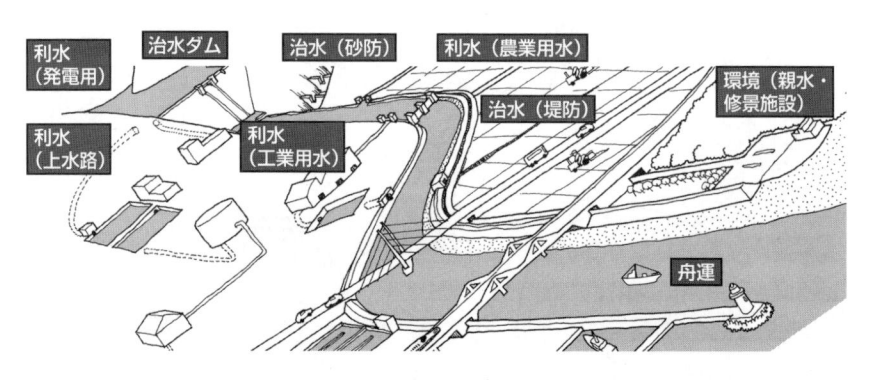

▲ 河川の役割

6-1 河川

河川の種類

国内では河川法により，管理形態による河川の種類が定められている．

河川種類	内　容	河川管理者
一級河川	国土保全，国民経済上特に重要な水系として政令で指定する	国土交通大臣
二級河川	一級河川以外で，公共上重要な水系として都道府県知事が指定する	都道府県知事
準用河川	一級河川，および二級河川以外で市町村長が指定したもの	市町村長
普通河川	河川法の適用を受けない河川．市町村が条例などに基づき管理する	市町村長

河川の断面構造

河川の断面については，9-8節も参照のこと．
- **定規断面**：計画高水量を安全に流下させるために必要な河川断面を定規断面といい，下図で表される．

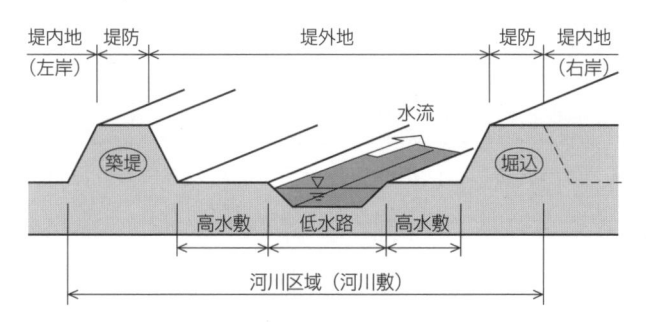

▲ 河川定規断面

- **河川区域**（河川敷）：堤防の川裏ののり尻から，対岸の堤防の川裏ののり尻までの間の河川としての役割をもつ区域をいう．
- **河川保全区域**：河岸または河川管理施設を保全するために必要な河川区域に隣接する 50 m 以内の区域をいう．
- **堤外地，堤内地**：堤防から見て水が流れる河川側が**堤外地**（川表），堤防により守られる市街地や農地のある方を**堤内地**（川裏）という．
- **右岸，左岸**：上流から下流を見て右側を**右岸**，左側を**左岸**という．
- **低水路**：河川敷において低水時に流下する部分をいう．
- **高水敷**：河川敷において洪水時に流下する部分をいう．

第6章 主な土木工事

河川水位

河川にはそれぞれの流量に対する水位が設定されている．
- 計画高水位（HWL）：計画高水流量が流下する水位
- 最高水位（HHWL）：観測期間中で最も高い水位
- 豊水位（NfdWL）：年間を通じ，95日間は下回らない水位
- 平均水位（MWL）：観測期間中の平均水位
- 平水位（OWL）：ある水位より高い水位と低い水位の回数が等しくなる水位
- 低水位（LWL）：年間を通じ，275日間は下回らない水位
- 渇水位（DWL）：年間を通じ，355日間は下回らない水位
- 最低水位（LLWL）：観測期間中で最も低い水位

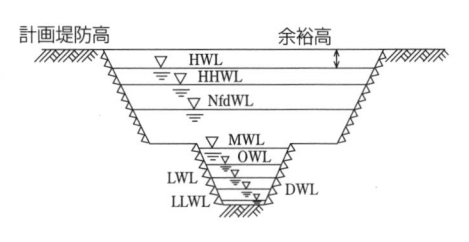

▲ 河川水位

堤　防

- 堤防の種類：河川堤防には，氾濫を防止するため以外にも，流れを調節，抑制するなどの古くから伝わるいろいろな種類の堤防がある．

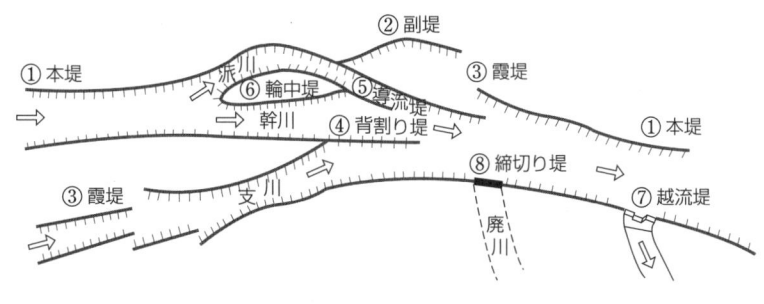

▲ 堤防の種類

①本堤：堤内地への氾濫防止のために，連続して河川両岸に設ける．
②副堤：本堤の決壊に備える控えの堤，あるいは高水敷を守る前堤をいう．
③霞堤：洪水を一時堤内地に導き洪水調節をする．
④背割り堤：河川の合流部で堤防を下流に延長し，水位の調整を図る．
⑤導流堤：河川の合流部や河口部で流れの方向を安定させる．

6-1 河川

⑥輪中堤：河川に囲まれた集落を水害から守るための堤防．
⑦越流堤：洪水を調節するため分水路や遊水池へ越流させるための堤防．
⑧締切り堤：廃川となった旧河川を締め切るための堤防．
- **堤防断面**：計画高水位においても崩壊，漏水が生じない断面とし，下図のような標準断面を確保する．

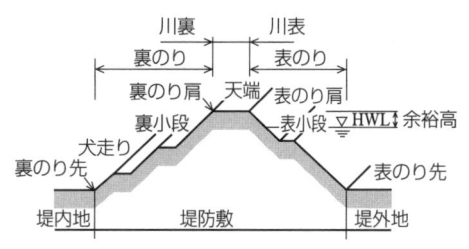

▲ 堤防断面と堤防の外観

河川工作物

河川区域において，河川管理者が主に治水のために設置する施設と，河川管理者以外が利水のためおよび河川横断のために河川管理者の許可を得て設置する工作物を総称して**河川工作物**という．

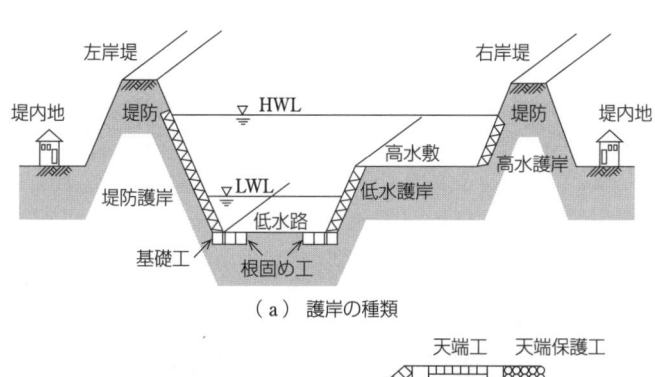

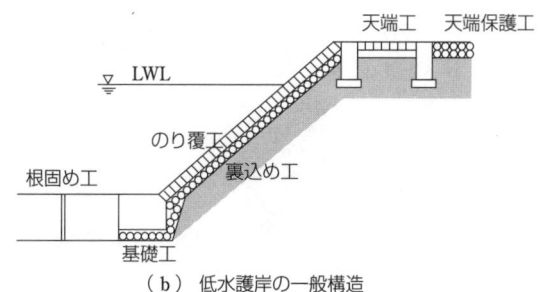

（a）護岸の種類

（b）低水護岸の一般構造

▲ 河川工作物

■第6章 主な土木工事

- **護岸**：流水に対して，堤防や河岸を保護するための工作物であり，前図のように，堤防のり面全体に施工する**堤防護岸**，高水敷以上の堤防を保護する**高水護岸**および低水路の乱れを防ぎ高水敷の洗掘防止をする**低水護岸**がある．
- **堰**：河川の流水を制御（堰上げ）するために，河川を横断して設置する工作物である．構造上での分類は，固定堰と可動堰があり，用途別では下記の堰がある．
  ①分流堰：河川の分水工に設置し，洪水や低水を分流させる．
  ②取水堰：かんがい用水や上水道の取入れのために設置する．
  ③河口堰：潮の干満の影響を受ける感潮河川の河口付近に設置し，淡水化を図ったり，流水の正常機能を図る（潮止堰）．また，津波対策としての河口堰もある．

▲ 取水堰 　　　▲ 可動堰（左）と固定堰（右）

- **樋門，樋管，水門**：河川からの取水や堤内地からの排水のために，堤防を横断して水路を通し，ゲートを設置するものを，樋門または樋管という．明確な区分はないが，比較的規模の小さいものを樋管，大きいものを樋門と呼ぶ．また，堤防の天端より高く，ゲートを閉めたときに堤防の役割を果たすものを水門という．

▲ 樋門 　　　▲ 樋管 　　　▲ 水門

- **揚水機場，排水機場**：河川水位より高い位置に取水し，用水路により流下させたり，パイプラインにより圧送するための施設を揚水機場という．河川水位が高くなり，自然排水が不能となった場合に機械排水を行うものを排水機場という．

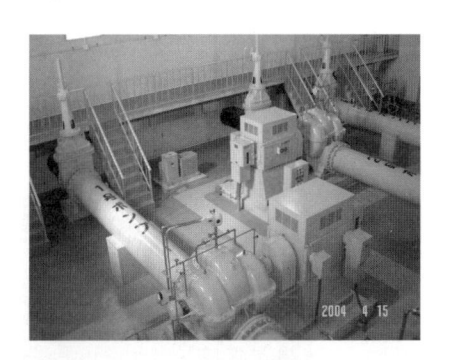

▲ 揚水機場 　　　　　　　　▲ 排水機場

- **伏越し，水路橋**：水路が河川を横断する場合，川底の下方を横断するものを伏越し（サイフォン）といい，堤防の上を橋梁として横断するものを水路橋という．

水路橋のうち，管路の場合を水管橋，開渠の場合を掛樋とも呼ばれる．

▲ 伏越し 　　　　　　　　▲ 水路橋

砂防工事

山地において，地表面の侵食による土砂の移動に伴って発生する山地の荒廃および土砂災害の防止を行うことを砂防工事という．施工場所の地形により，大きく**山腹砂防**と**渓流砂防**に分けられる．

- **山腹砂防**：山腹の下部に盛土を行い，種々の緑化工事を施すことによって浸食

による土砂流出を防止するとともに，上部の山腹の小崩壊を防ぐものである．山腹の中部から上部にかけては整形を行い，表面には浸食防止の斜面緑化工を施す．建設機械の投入が困難な地形なので，多くが人力によるもので，豊かな経験と技術を必要とする工事である．

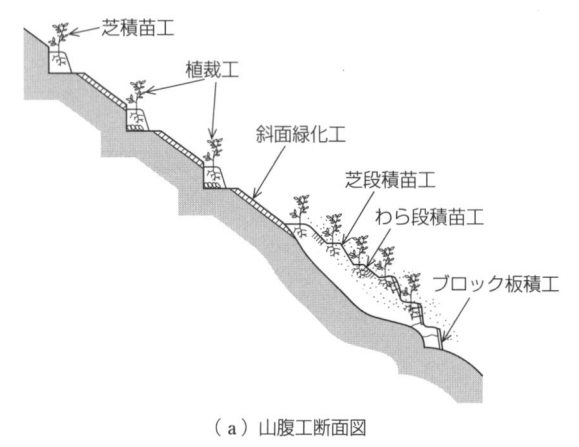

（a）山腹工断面図

（b）山腹砂防
（提供：日光砂防工事事務所）

▲ 山腹砂防

- **渓流砂防**：山腹からの土砂が渓流を流下するのを防止するとともに，渓岸・渓床の浸食による土砂発生を軽減させるもので，砂防ダム，護岸，床固め，流路工などを組み合わせた工事である．砂防ダムは，土砂を貯めることが目的で，高さ約 7 m 以上のものを砂防ダムといい，それ以下のものを砂防堰堤という．その働きは，土砂を貯めるとともに，河床勾配を緩くして河の侵食を防ぐなど，土砂の流出抑制を図り，その結果，下流の土砂災害防止につながるものである．

▲ 穴あき砂防ダム

▲ 砂防堰堤

6-2 道路

■ 人や車を通す

道路はわが国の社会・経済・生活・文化活動を支え，歴史的な発展を遂げてきており，いまや人々の生活に欠かせないライフラインとして，重要な土木施設として位置づけられている．

道路の歴史

けもの道を人が通りはじめ，やがて集落間の移動に利用され，町や都が発展し，計画的な道路作りが進み，現在の道路の基本となってきた．

- **古代の道**：飛鳥時代（600年代）に，七道駅路（しちどうえきろ）として中央と地方諸国を結んだ7本の幹線道路（東海道，東山道（とうさんどう），北陸道，山陰道，山陽道，南海道，西海道（さいかいどう））が，京都を起点に東北，北海道を除く全国に，約6500 kmにわたり整備された．
- **中世の道**：鎌倉時代となり源頼朝が東海道（京都〜鎌倉）を整備し，戦国時代になると，各地の大名が軍事用道路しての整備を行い，やがて織田信長，豊臣

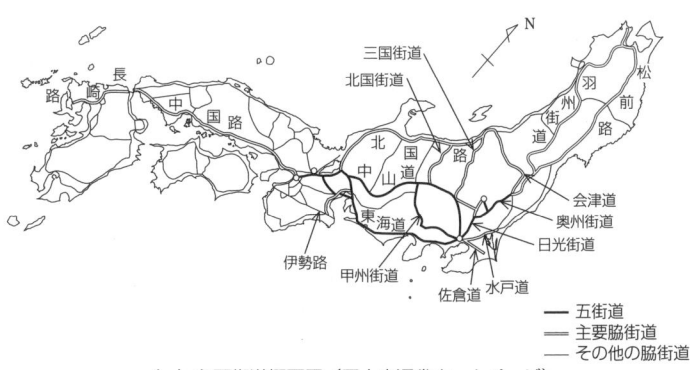

（a）主要街道概要図（国土交通省ホームページ）

（b）日本国道路元標

▲ 主要街道図と日本国道路元標

第6章 主な土木工事

秀吉により全国平定がなされると，並木，一里塚が整備されていった．
- **近世の道**：徳川時代となり，江戸を起点とする幕府直轄の主要な五つの陸上交通路である五街道（東海道，中山道，日光街道，奥州街道，甲州街道）が整備された．

　その後も地方各藩の参勤交代，物流をはじめとする江戸との交流のために主要脇街道（松前路，羽州街道，水戸道，佐倉道，三国街道，北国街道，北国路，伊勢路，中国路，長崎路）が整備され，現在の全国道路網の基本となっている．

　また，江戸においては江戸城を中心とした放射環状型の道路が整備され，それが現在の東京の道路ネットワークを形成している．
- **近代の道**：明治に入り自動車の発明とともに道路整備も活発になったが，本格的な整備が進められたのは，昭和の終戦後になってからである．その後「東京オリンピック」，「列島改造政策」などにより急速な整備が進められ，今では，北海道から沖縄の全国に高速道路網が整備されるまでに至った．

道路の種類

道路とは**一般の交通の用に供する施設**と定義され，法律による区分をはじめ，利用主体，管理方式および機能による区分がある．
- **法律による道路区分**：下表により分類される．

法　律	道路名称など	法　律	道路名称など	法　律	道路名称など
道路法 高速自動車国道法	高速自動車国道	道路運送法	専用自動車道	自然公園法 都市公園法	公園道，自然研究路，園路
	一般国道		一般自動車道		
	都道府県道	土地改良法	農道	国有財産法	里道
	市町村道	森林法	林道	法律なし	私道

- **道路構造令による道路区分**：下表により分類される．

道路種類	地方部	都市部	備　考
高速自動車国道，専用自動車道	第一種	第二種	左欄の一〜四種はさらに，計画交通量によりそれぞれが一級から五級に分類される．
その他の道路	第三種	第四種	

- **利用主体による道路区分**：自動車，自転車，歩行者などが1つの道路断面を通行する道路を**一般道路**といい，この他に利用主体により**自動車専用道路，自転車専用道路，自転車歩行者専用道路，歩行者専用道路**に区分される．
- **管理方式による道路区分**：料金の徴収の有無により**有料道路，無料道路**に区分される．

- **機能による道路区分**：各地域の生活圏構成の重要度により下表に区分される．

道路区分	内　容
主要幹線道路	主として地方生活圏および主要な都市圏域の骨格を構成し，各生活圏相互を連絡する道路で，トリップ長（1回の移動距離）が長く交通量も多い道路をいう．
幹線道路	地方生活圏内の二次生活圏の骨格を構成し，主要幹線道路を補完して二次生活圏相互を連絡する道路で，トリップ長が比較的長く交通量も比較的に多い道路をいう．都市部では近隣住区の外郭道路で，トリップ長が中・短で交通量も比較的多い道路をいう．
補助幹線道路	地方生活圏内の一次生活圏の骨格を構成し，幹線道路を補完して一次生活圏相互を連絡する道路をいう．都市部にあっては，近隣住区内の骨格を構成する道路をいう．
その他の道路	補助幹線道路から各戸口までのアクセス機能を主とした道路でトリップ長，交通量とも小さい道路をいう．

道路の構造

道路構造令により，道路区分ごとに，横断面，平面線形，縦断線形などが定められている．

- **横断面**：車道を主体として，必要に応じ中央帯，副道，路肩，環境施設帯（歩道，自転車および自転車歩行者道，植樹帯）によって構成される．

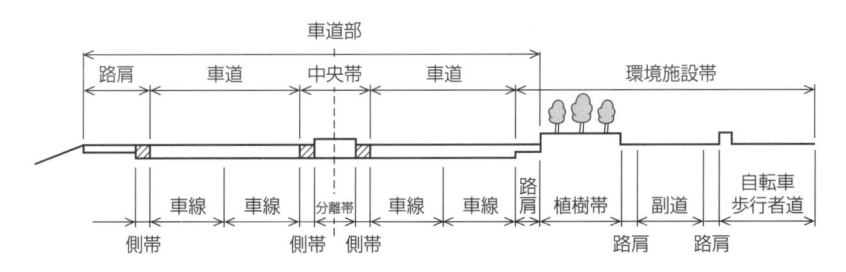

▲ 道路横断図：4車線の場合

- **平面線形**：道路の平面線形は，直線，円曲線および緩和曲線（クロソイド）によって構成され，地形，道路区分，設計速度などにより組み合わせて設計を行う．

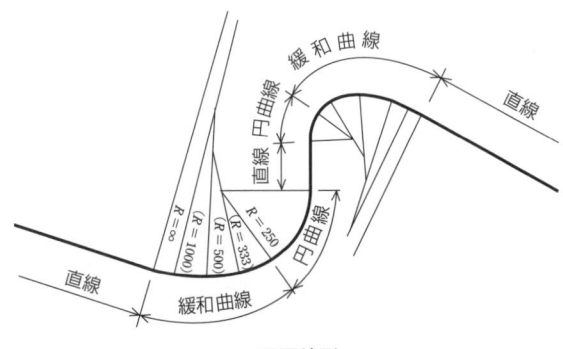

▲ 平面線形

- **縦断線形**：基本としては，直線と縦断曲線の２つの要素からなる．設計に際しては，縦断勾配，縦断曲線，合成勾配および走行性を考慮して決める．

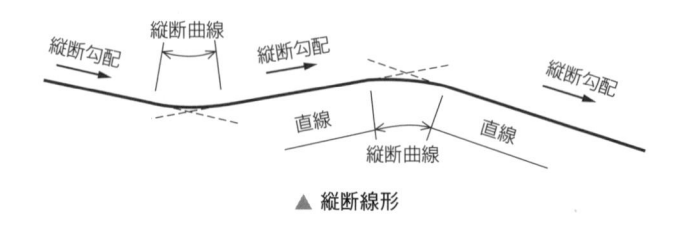

▲ 縦断線形

アスファルト舗装

　道路舗装の種類には大きく分けて，アスファルト舗装とセメントコンクリート舗装がある．両者にはそれぞれ一長一短があるが，主な特徴として，施工性，走行性に優れているのがアスファルト舗装で，耐久性，強度の面ではセメントコンクリート舗装が優れている．一般道路の実績ではアスファルト舗装が断然多い．
　アスファルト舗装の構造は表層・基層，路盤からなり，一般に下記の構造で示す．

- **表層**：交通荷重を分散して下層に伝達し，流動，磨耗，ひび割れに抵抗し，滑りにくさや平坦さなど快適な走行の路面を確保する．
- **基層**：路盤の不陸を修正し表層からの荷重を均一に路盤に伝達する．
- **路盤**：上層から伝達された荷重を，路床に分散させて伝達する．一般に，上層と下層の２層に分けて施工される．
- **路床**：舗装の下の厚さ約１ｍの部分で，舗装と一体になって荷重を支持し，路体に分散伝達する．

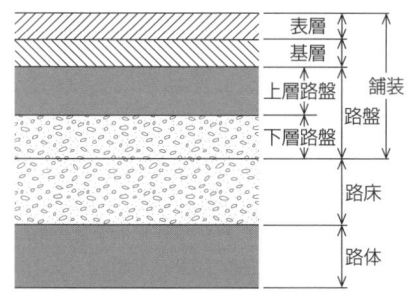

▲ アスファルト舗装構造例

▲ 舗設作業

- **アスファルト混合物**：表層・基層に使用するアスファルト混合物は，ダンプカーで運搬し，所定の厚さを確保しながらアスファルトフィニッシャにより敷き均す．締固めは，継目転圧→初転圧→二次転圧→仕上げ転圧の順序で主として振動ローラ，ロードローラまたはタイヤローラを用いる．

セメントコンクリート舗装

セメントコンクリート舗装の構造はコンクリート舗装版，路盤からなり，一般に図の構造で示す．

- **遮断層**：設計 CBR が 2 のとき，路床最上部に 15〜30 cm 程度の遮断層を設ける．
- **中間層**：コンクリート版の下に，耐水性と耐久性を目的として，アスファルト混合物による中間層を構築する．

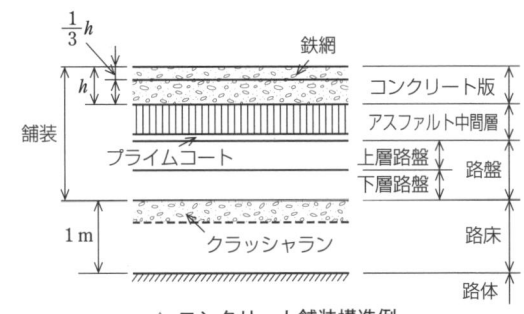

▲ コンクリート舗装構造例

道路付帯構造物・施設

道路には，道路本体のみならず，安全性，利便性，維持管理などを考慮した付帯の構造物，施設などが数多く設置される．

- **擁壁工**：切土面，盛土面ののり面の崩壊を防ぐために土を抑える構造物である．ブロック積（石積），重力式，逆 T 型，控え壁式，補強土工法などの各擁壁型式がある．
- **のり面保護工**：のり面の浸食，崩落，風化などを防止するための工法で，種子

▲ 擁壁工 　　　　▲ のり面保護工

散布，芝などによる植生工と，コンクリート吹付け，ブロック張などの構造物による保護工がある．
- **排水設備**：路面の排水を速やかに行うための，L型，U型などの側溝，道路横断排水工，積雪地における消雪パイプ，流雪溝などがある．
- **立体横断施設**：横断路を車道から立体的に分離し，歩行者などの安全を図る施設で，横断歩道橋，地下横断歩道がある．
- **落石防護工**：斜面の落石から通行車両，通行人を保護するもので，斜面に設置する落石防護網，落石防護柵，落石防護擁壁と，道路を全面的に覆う，落石覆工（ロックシェッド）がある．

▲ 横断歩道橋（提供：下田謙二）

▲ 落石防護工

- **防雪施設**：雪崩対策が主な目的の施設で，事前に雪崩を予防する防止林，予防柵，スノーネットなど，および発生する雪崩から直接，道路を防護するスノーシェッド，防護擁壁などがある．
- **防護柵**：走行車両の対向車線，歩道への逸脱を防ぎ，歩行者，乗員の傷害および車両の破損を最小限に止め，歩行者，自転車のみだりな横断を抑制する．ガ

▲ スノーシェッド

▲ トンネル内部照明

- **照明設備**：車両や障害物の視認性を良くする事により，夜間交通の安全性を向上させる．また，昼間であってもトンネル部では設置をする．蛍光（水銀）ランプ，ナトリウムランプが主流である．
- **インターチェンジ（IC）**：高速道路や有料道路と他の道路との出入口のことをいう．一般道においても立体交差路をインターチェンジと呼ぶことがある．クローバ型，ダイヤモンド型，トランペット型などの形式がある．
- **ETC**：自動料金収受システムのことで，施設アンテナと車載器との双方向無線通信により，料金所をノンストップ化することによって，快適走行，渋滞緩和を図っている施設である．
- **道の駅・サービスエリア**：駐車場を備えた休憩施設であり，トイレ，売店，食堂などが整備されている．近年，地域の特徴を活かした特産物販売，温泉，遊園地を併設した多目的施設が増えつつある．

▲ インターチェンジ

▲ ETC 専用ゲート

▲ サービスエリア

6-3 橋　　梁

■ 川や谷や海を渡る

　道路，鉄道，水路などの輸送路が，途中の河川，渓谷，湖沼，運河，海峡や道路および鉄道に遮られるときに，その上方を横断するために造る構造物を総称して橋梁という．

橋の歴史

　人類が架けた最初の橋は，歩いて通る道を繋げるために作られたもので，大昔の橋は，自然の倒木を利用した丸木橋であった．以来，人々は木を使い，石を使い，経験的に橋をつくる技術を学んできた．その後，現代に見るような長大な橋を建設する技術を自らのものにしてきた．

- **歴史に残る木（植物）の橋**：わが国では，橋を造る材料として容易に入手ができる木材や蔦が多く使用されてきた．耐久性は低いため，当時の橋がそのまま残っているものはほとんどないが，構造力学的にも優れ，景観美を保っていることから，史跡として修復され現在も守られているものが数多くある．

▲ 大月の猿橋（提供：大月市産業観光課）

▲ 錦帯橋（提供：岩国市観光課）

▲ 蔓（かずら）橋

- **歴史に残る石造りの橋**：江戸時代になり，中国，オランダから長崎を経由して，石造りアーチ橋の技術が九州各地へ広がった．その後，明治から昭和にかけて

▲ めがね橋
（長崎市ホームページ）

▲ 通潤橋（提供：島武男）

▲ 二重橋

本州各地でも同じタイプの橋が架けられていった．安定性，耐久性にも優れ，数百年を経た現在も当時の姿をそのまま留めているものも多い．

橋梁の構成と名称

橋梁の一般形状は下図で表される．

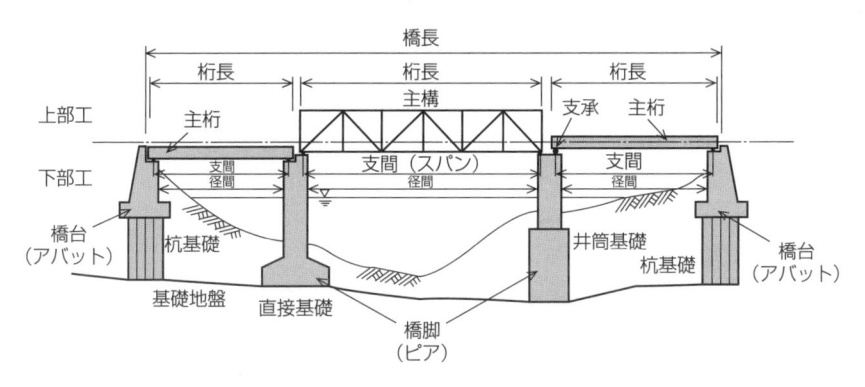

▲ 橋梁の標準断面図

- **上部工**：道路，鉄道，水路などの輸送路の通過荷重を直接支持する．
- **下部工**：上部構造を支える部分をいい，橋台，橋脚および基礎からなる．
- **橋長**：橋台のパラペット前面間の距離をいう．
- **支間（スパン）**：支承中心間の距離をいう．
- **径間**：橋台あるいは橋脚の前面間の距離をいう．
- **桁下高**：上部構造の下部に確保される空間の高さをいう．

橋の用途別による種類

横断する輸送路の種類により，道路橋，鉄道橋，水路橋に分類される．また，これらが同時に設置される併設橋がある．

■ 第6章 主な土木工事

▲ 道路橋

▲ 鉄道橋（提供：村上広）

▲ 水路橋（琵琶湖疏水水路閣，提供：村上広）

▲ 併設橋（レインボーブリッジ）

橋の路面位置による種類

路面（軌道）と主桁の位置関係により，上路橋，中路橋，下路橋に分類される．

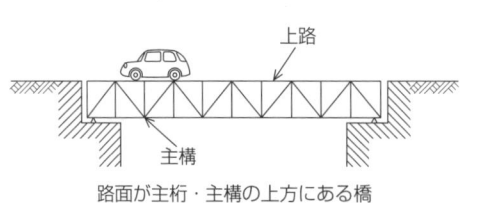

路面が主桁・主構の上方にある橋

▲ 上路橋

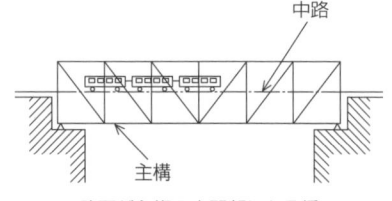

路面が主桁の中間部にある橋

▲ 中路橋

6-3 橋　　梁

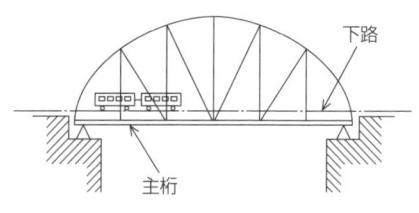

路面が主桁の下方にある橋

▲ 下路橋

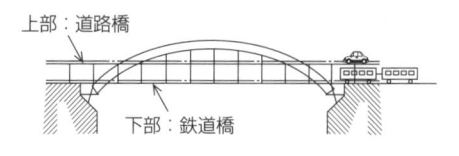

路面が上下二層になっている橋

▲ 二層橋

橋の使用材料による種類

　橋梁は使用材料によって，木橋，石（レンガ）橋，鋼橋，コンクリート橋に分類される．
　強度，耐久性がそれぞれ異なるため，目的により比較検討を行い決定する．

▲ 木橋

▲ 石（レンガ）橋（提供：村上広）

▲ 鋼橋

▲ コンクリート橋

橋の構造形式による種類

　橋の構造形式としては，主に曲げモーメントとせん断力に抵抗する部材で構成されるものと，軸力（引張，圧縮）に抵抗する部材で構成されるものに大別され，それぞれ下記の種類がある．

① 主に曲げモーメントとせん断力に抵抗する部材構造

- **床版橋**：鉄筋コンクリート造の床版（スラブ）を使用した，最も単純な構造の橋である．小規模なものが多く，現場打ち，二次製品が使用される．
- **桁橋**：木桁，RC桁，PC桁，鋼桁などを並べたもので，最も実績が多い橋である．一本の桁の両端を二点で支えるものを**単純桁橋**，三点以上で支えるものを**連続桁橋**という．
- **ゲルバー橋**：連続桁橋の途中にヒンジ構造の継目を設けた橋で，地盤沈下の影響が少ない．
- **ラーメン橋**：主桁と橋脚あるいは橋台が剛接され，一体となって外力に抵抗する，ラーメン構造の橋である．門型，π型，函型などの種類がある．

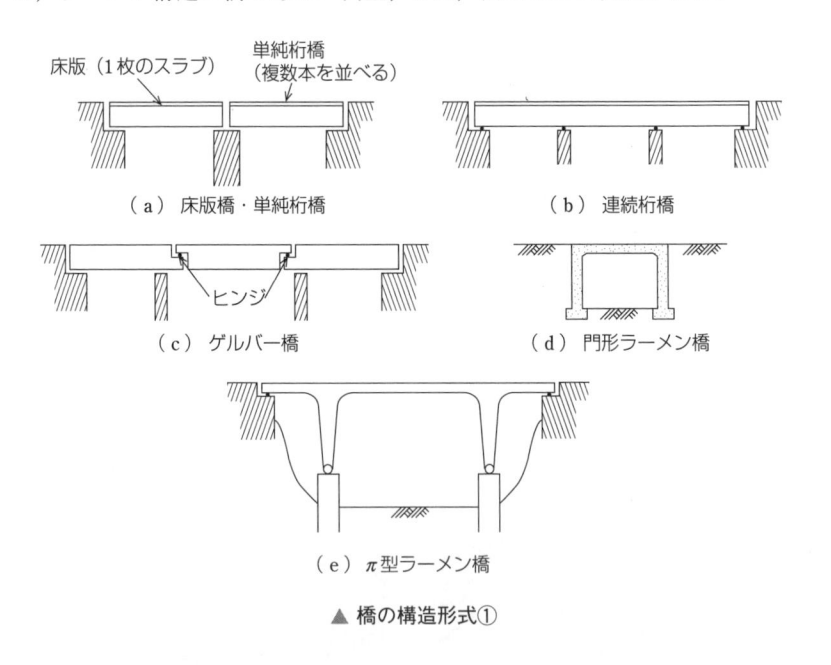

▲ 橋の構造形式①

6-3 橋　梁

（a）単純桁橋　　　（b）連続桁橋

（c）鋼製π型ラーメン橋

▲ 橋の構造形式②

② 主に軸力（引張，圧縮）に抵抗する部材構造

- **トラス橋**：直線部材をそれぞれトラス形状（三角に組み合わされた構造）とした橋で，応力が分散されるのでスパンの長い橋に適している．
- **アーチ橋**：主桁がアーチ形状となっており，両端で支える橋である．
- **タイドアーチ橋**：アーチの両端に作用する水平力をタイと呼ばれる水平材で受け持つ．
- **ランガー橋**：軸方向圧縮力をアーチリブで受け持ち，曲げモーメント，せん断力を補剛桁あるいは補剛トラスで受け持つ構造の橋である．
- **ローゼ橋**：曲げモーメント，せん断力をアーチリブと桁の両方で受け持つ構造の橋である．
- **吊り橋**：ケーブルを主塔間に凹状に張り，橋体を吊るした橋で，長大橋に適している．
- **斜張橋**：橋脚上に設置した主塔から斜めにケーブルを張り橋桁を支える構造の橋であり，景観的にも美しい姿をしている．

■ 第6章 主な土木工事

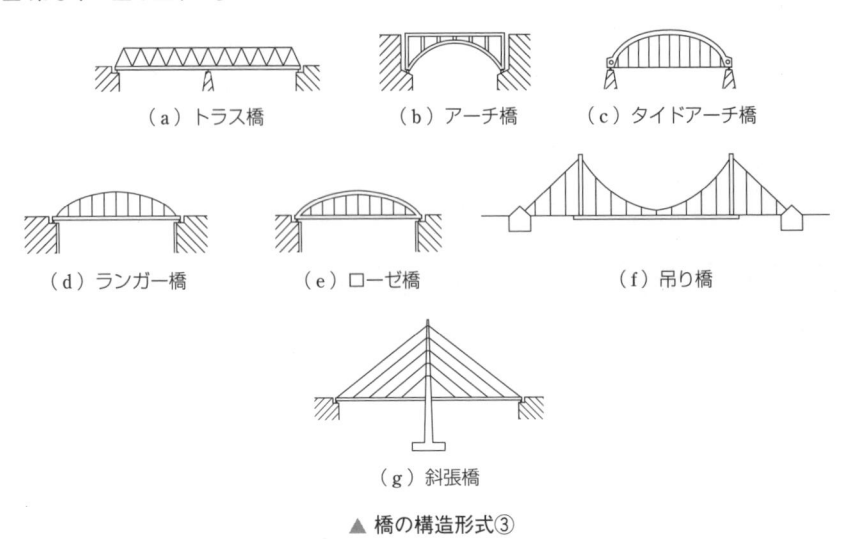

(a) トラス橋
(b) アーチ橋
(c) タイドアーチ橋
(d) ランガー橋
(e) ローゼ橋
(f) 吊り橋
(g) 斜張橋

▲ 橋の構造形式③

(a) トラス橋
(b) アーチ橋 
(c) ランガー橋 
(d) 吊り橋 

▲ 橋の構造形式④

6-3 橋　梁

橋の架け方

橋梁の架設方法には数多くの種類があるが，構造形式，架設地点の状況によって選定される。

● 鋼橋の架設工法の種類

工　法	方式・使用機器など
ベント工法 片持ち式工法	自走クレーン車，ケーブルクレーン，トラベラクレーン，門型クレーン，フローティングクレーン
ケーブル式工法	ケーブルクレーン，自走クレーン車
架設桁工法	移動台車吊下げ，巻上げ機直下吊り
引出し工法	手延べ式，台車・台船送出し
一括架設工法	自走クレーン，台船，巻上げ機
その他特殊工法	回転工法，横取り工法

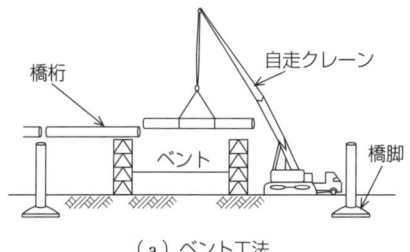

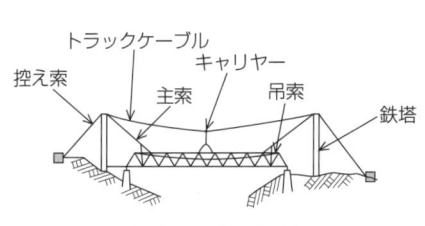

（a）ベント工法　　　　　　　（b）ケーブル式工法

▲ 鋼橋の架設工法

● コンクリート橋の架設工法の種類

	工　法	方式・使用機器など
現場打ち工法	固定支保工式架設工法	全面支柱式支保工架設工法 梁・支柱式支保工架設工法
	移動支保工式架設工法	張出し架設工法，接地式工法 移動吊支保工，可動支保工
	押出し工法	集中押出し工法 分散押出し工法
プレキャスト工法	プレキャスト桁架設工法	架設ガーダー式，タワーエレクション，クレーン架設（トラッククレーン，門型クレーン，フローティングクレーン）
	プレキャストブロック架設工法	移動式作業車 架設ガーダー式 クレーン架設 固定支保工式架設

■ 第6章 主な土木工事

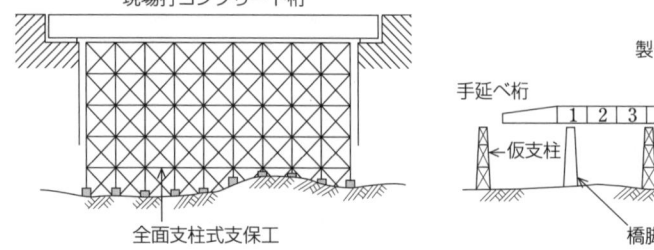

(a) 全面支柱式支保工架設工法

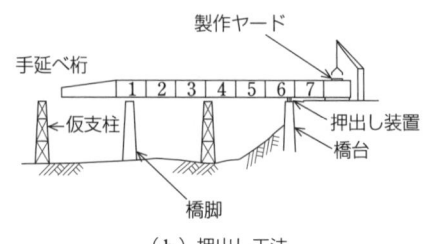

(b) 押出し工法

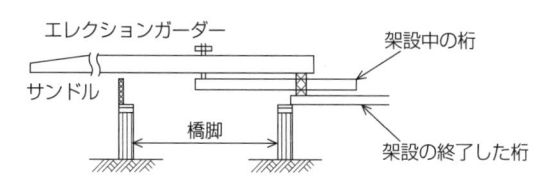

(c) プレキャスト桁架設工法

▲ コンクリート橋の架設工法

6-4 ダム

■ 水を貯める

日本の国土の2/3は山林で覆われ，降雨量が多いのが特徴であるが，この水資源の有効利用を図るとともに，洪水調節の役割を担うのがダムである．土木事業としても大規模なものが多く，土木の中でも花形とも言える分野である．

ダムの歴史

600年代に完成された狭山池から始まったとされる日本のダムの歴史は，農業用貯水池が主であったが，近代に入り電力開発の発展そして多目的ダムへと，ダムの目的，技術，意義などダムを取り巻く環境も変わりつつある．

時　代	主なダム・内容
古代〜近世	農業用貯水池が主：「狭山池」（616年―日本初のダムで732年に行基により大改修），「満濃池」（821年―空海の手で再建・改修）
近代 （明治〜戦時中）	水道整備用ダム：開国による水道需要の増加．「本河内高部ダム」（1891年―長崎）など 電源開発ダム：重工業発達に伴う水力発電．「大井ダム」（1924年―木曽川）など，軍需産業発展に伴う水力発電．「平岡ダム」（1924年―木曽川）など
戦後復興期	多目的ダム：治水，利水を総合的に実施する河川総合開発．「相模ダム」（1947年―相模川）など 農地かんがい用ダム：食糧増産を目的とした農業水利事業．「山王海ダム」（1952年完成，1977年改修―滝名川）など
高度経済成長期	大ダム時代：電源開発中心のダム．「佐久間ダム」（1956年―天竜川），「有峰ダム」（1959年―和田川），「黒部ダム」（1963年―黒部川）など 上水道専用ダム：「小河内ダム」（1957年―多摩川）など
安定成長期	総合開発事業の完成：「早明浦ダム」（1975年―吉野川）など ダム再開発：「浅瀬石川ダム」（1988年―浅瀬石川）など
近年ダム激動期	水力発電の再評価：「南相木ダム」（2005年―南相木川）など ダム反対運動：「戸倉ダム―中止」，「徳山ダム―完了」，「川辺川ダム―凍結」

▲ 満濃池（提供：森充広）

▲ 有峰ダム（提供：前田建設工業）

第6章 主な土木工事

▲ 南相木ダム（提供：前田建設工業）

ダムの役割

ダムの役割は，洪水調節をはじめとして，農業用水，工業用水，水道水，発電などの利水および河川流水機能維持などを目的としており，それぞれ単独の目的としたものと複数の目的を兼ね備えた多目的ダムがある．

分類	役割	内容	代表的ダム
治水	洪水調節	計画した水量を超えないようにピークカットし，水量を調節し洪水被害を軽減する．	加治川治水ダム 益田川ダム
治水	河川流水機能維持	河川の正常かつ一定流量を維持することで，魚類など河川生態系の保護を目的とする．	品木ダム（湯川） 坂本ダム（碓氷川）
利水	農業用水の補給	土地改良事業，かんがい排水事業などの整備事業の対象農地に農業用水を補給する．	大迫ダム（紀の川） 北山ダム（嘉瀬川）
利水	工業用水の供給	製鉄，製紙，精密機械などの工場操業などに欠かせない用水を供給する．	府中ダム（綾川） 河内ダム（板櫃川）
利水	上水道用水の供給	生活用水である飲料水，水洗用水などの上水道用水を確保し，供給する．	小河内ダム（多摩川） 笹流ダム（笹流川）
利水	発電	水位の落差を利用し発電を行い，工業用，家庭用などの電力を供給する．	黒部ダム 佐久間ダム（天竜川）
利水	レクリエーション	ダムを観光やボート競技などのスポーツの目的に利用するために，水位を維持する．	武庫川ダム（武庫川） 石井ダム（烏原川）
複合	多目的ダム	上記の複数の目的を兼ね備えたもので，大規模なダムが多い．特定多目的ダム（国交省直轄）と補助多目的ダム（都道府県），あるいは複数管理の多目的ダムがある．	奥三面ダム（三面川） 玉川ダム 宮ケ瀬ダム（中津川） 九頭竜ダム

6-4 ダ　ム

第6章 主な土木工事

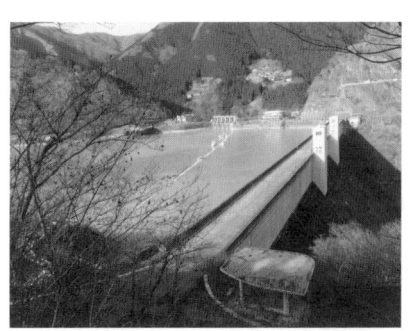

▲ 小河内ダム（上水道，東京都）

▲ 佐久間ダム（発電，静岡県，愛知県）

▲ 玉川ダム（多目的，秋田県）

ダムの型式

　ダムの型式は，材料によってコンクリートダムとフィルダム，また水圧の支え方によって重力式ダムとアーチ式ダムに大別される．

■ 第6章 主な土木工事

① コンクリートダム

コンクリートの重量や圧縮力を利用したダムである．

重力式コンクリートダム	アーチ式コンクリートダム
ダム本体のコンクリート自重により，堤体に働く水圧や外力に対抗するもので，コンクリート量を多く必要とし，重量が大きくなるので基礎の岩盤は良質で堅固でなければならない．	ダム本体に働く水圧や外力をアーチの形を通して両岸の岩盤に伝えることにより対抗する．アーチ部分には圧縮力が働きコンクリート量は少なくなるが，両岸の岩盤が堅固でなければならない．
(a) 断面図　(b) 平面図	(a) 断面図　(b) 平面図
田子倉ダム（福島県，提供：前田建設工業）	黒部ダム（富山県）

② その他のコンクリートダム

下表のいずれも国内での実績は少ない．

中空重力式コンクリートダム	バットレス式ダム	重力式アーチダム
重力式を変形したもので内部が空洞となっており，コンクリート量が少なく経済的である．	表面のコンクリート壁を胸壁（バットレス）で支える．	重力式とアーチ式の特性を兼ね備えたダムで，コンクリート量を減らすことができる．

③ フィルダム

　岩石や土を積み上げて造るダムで，その比率によりロックフィルダム，アースフィルダムに分けられる．体積や底面積が広く，働く力が分散されるので安定性が大きい．

ロックフィルダム	アースフィルダム
岩石が50%以上を占めるフィルダムで，遮水方式により均一型，表面遮水型，ゾーン型に分けられる．近隣から多量の岩石や遮水用粘土が入手できる場合に適している．	土が50%以上を占めるフィルダムで，堤体全体で遮水する均一型がほとんどである．基礎地盤の弱いところでも施工が可能であるが，あまり高いダムには適さない．
（a）均一型 （b）表面遮水型（中間壁，遮水壁） （c）ゾーン型（遮水壁，中間壁）	満水位，透水性部，不透水性部，ドレーン
有間ダム（埼玉県）	狭山湖（埼玉県）

④ コンバインダム（複合ダム）

　コンクリートダムとフィルダムの二種類の型式を複合して造るダムで，両岸の地質が異なる場合に適用する．

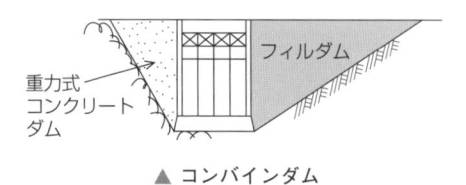

▲ コンバインダム

右岸：ロックフィル（植生被覆）
左岸：重力式コンクリート

▲ 大川ダム（福島県）

付帯設備

　ダムには堤体以外にも，維持管理，安全対策などにおいて重要な付帯設備が必要となる．主要な付帯設備を次表に示す．

洪水吐	計画以上の洪水の流入に対し，ダムと貯水池の安全を確保するために設ける放流設備で，ダムには必ず洪水吐を設けなければならない．洪水吐は上流から，流入部，導流部，減勢工に区分される．洪水調節を目的とするダムでは，常用洪水吐と非常用洪水吐を持つものが多く，余水吐と呼ぶ場合もある（写真は黒部川第三ダム）．

6-4 ダム

監査廊	ダム堤体内部に，完成後の監査，各種の測定，堤体および基礎の排水，グラウト作業，ゲート操作などを行うために設けられた通路をいう（写真は玉川ダム）．	
取水設備	利水のための放流や発電のための取水を行うために，ダムの貯水池内に設けられる主に塔状の取水設備で，設置方式により，堤体支持型，独立塔型，地山設置型などがある． 利水目的により，表面，中層部，下層部から取水可能な選択取水がある（写真は狭山湖）．	
インクライン	ダムサイトの斜面に沿って軌道を設け，巻上げ装置などにより湖内に貯まる塵や流木などを湖外に運搬したり，斜面の上方から湖面に管理用ボートなどを降ろしたりする管理用設備をいう（写真は黒部湖）．	

第6章 主な土木工事

第6章 主な土木工事

ダムの諸元

ダムの規模を各種諸元で表すと下表のとおりとなる．

諸 元	単位	内 容	略 図
堤 高	m	基礎岩盤接地部からダム堤頂までの高さ	
堤頂長	m	ダム堤頂全体の長さ	
堤体積	m^3	ダム堤体の体積	
総貯水容量	m^3	満水時の貯水総量で，洪水調節容量・利水容量・堆砂容量・死水容量の合計量	
有効貯水容量	m^3	総貯水容量から堆砂容量と死水容量を引いた治水・利水に利用される貯水容量	
流域面積	m^2	ダム湖に流入するすべての流域の総面積	
湛水面積	m^2	ダム湖の満水時における表面積	

ダムのランキング

国内の諸元別ランキングを示すと次表のとおりとなる．

順位	堤高順〔m〕					有効貯水容量〔m^3〕				
	規模	ダム名	型式	県名	竣工年	規 模	ダム名	型式	県名	竣工年
1	186	黒部	A	富山	1963	4億5800万	奥只見	G	新潟	1960
2	176	高瀬	R	長野	1979	3億8040万	徳山	R	岐阜	2007
3	161	徳山	R	岐阜	2007	3億7300万	シューパロ	G	北海道	2013
4	158	奈良俣	R	群馬	1990	3億7000万	田子倉	G	福島	1959
5	157	奥只見	G	新潟	1960	3億3000万	御母衣	R	岐阜	1961
順位	コンクリートダム・堤体積〔$\times 10^3 m^3$〕					フィルダム・堤体積〔$\times 10^3 m^3$〕				
	規模	ダム名	型式	県名	竣工年	規 模	ダム名	型式	県名	竣工年
1	2 060	宮ヶ瀬	G	神奈川	2000	13 900	丹生	R	滋賀	2010
2	1 950	田子倉	G	福島	1959	13 700	徳山	R	岐阜	2007
3	1 800	滝沢	G	埼玉	2007	13 500	胆沢	R	岩手	2013
4	1 750	浦山	G	埼玉	1998	13 100	奈良俣	R	群馬	1990
5	1 676	小河内	G	東京	1957	11 958	成瀬	R	秋田	2017

※型式：A（アーチ式），G（重力式），R（ロックフィル）
　竣工年：施工中の予定も含む

6-5 トンネル

■ 山や地下を掘り進む

トンネルとは，1970年のOECD会議で「計画された位置に所定の断面寸法をもって設けられた地下構造物で，施工法は問わないが仕上がり断面積が$2\,m^2$以上のもの」と定義されており，一般的には，「二地点間の交通と物資の輸送あるいは貯留などを目的とし，建設される地下の空間」で断面の高さあるいは幅に比べて軸方向に細長い地下空間をいう．

トンネルの歴史

トンネルの歴史は古く，紀元前2000年頃にユーフラテス川の河底を横断するトンネルがバビロンに造られたのが最初とされている．わが国では1763年，禅海和尚の手掘りによる，青の洞門（大分県本耶馬渓町）が初のトンネルとされている．本格的なトンネルの建設は明治に入ってからである．

時代	主な出来事
明治～大正年代	1871年（明治4年）に，日本最初の西洋式トンネルとして，神戸市内で東海道本線が川の底をくぐる「石屋川トンネル」が建設された．
	1880年（明治13年）に，東海道本線の大津市内にあった「逢坂山隧道」が日本人技術者のみではじめて造られた．
	1904年（明治37年）に，川端康成の小説「伊豆の踊り子」で有名な「旧天城トンネル」が完成した．石造道路トンネルとしては，日本に現存する最長のものである．
	1934年（大正23年）に，東海道本線の熱海駅～函南駅間にある複線規格のトンネル「丹那トンネル」（総延長7 804 m）が17年の歳月をかけて開通した．
昭和年代	昭和に入り主要な鉄道トンネルが開通していった（「清水トンネル」1931年（昭和6年），「関門トンネル」1942年（昭和17年），「新関門トンネル―新幹線」1975年（昭和50年），「新清水トンネル」1977年（昭和52年），「大清水トンネル―新幹線」1982年（昭和57年），など）．
	1985年（昭和60年）に，道路トンネルとしては日本最長の「関越トンネル」（総延長約11 km）が開通した．
現在（平成）	1997年（平成9年）に，水底トンネルとしては日本最長の「東京湾アクアトンネル」（総延長9.6 km）が開通した．
	高速道路の整備に伴い，大規模なトンネルが建設中である（「飛騨トンネル」（国内2位，約10.7 km），「栗子トンネル」（国内3位，約9.0 km）など）．

■ 第6章　主な土木工事

■ トンネルの分類

トンネルの種類は，用途，建設場所，施工工法別にそれぞれ分類される．

① 用途別の種類

交通用（道路）トンネル	交通用（鉄道）トンネル	交通用（地下鉄など）トンネル
主に道路におけるトンネルで，高速道路，一般道および歩道用がある．	主に鉄道におけるトンネルで，新幹線，在来線およびケーブルカーやトロッコ用もある．	ほぼ全線が地下をもぐる地下鉄や地下駐車場などもトンネルの種類に含まれる．

水路用トンネル	都市施設用トンネル	その他地下空間
上水道，工業用水，農業用水などの送水のためのトンネルや水力発電およびダムの仮排水トンネルなどがある．	電力，ガス，通信，下水道などのライフラインのためのトンネルで，これらを1つにまとめた共同溝も含まれる．	石油，ガスなどの備蓄のための地下施設，都市における洪水調節用の地下貯留施設および地下街も含まれる．
（提供：村上広）		

② 建設場所による種類

山岳トンネル	都市トンネル	水底トンネル
山岳部で建設するトンネルをいうが，山岳トンネル工法を用いた場合に呼ぶときもある．	都市，市街地地下に建設するトンネルをいう．	海（海峡），湖沼，河川をくぐるトンネルをいう．
		関門トンネル人道（提供：渡辺眞有美）

③ 施工方法による種類

種類	内容	代表的な工法
山岳工法トンネル	発破，機械により掘削後，吹付けコンクリート，ロックボルト，支保工により地山の安定を確保して掘進する工法であり，NATM工法が標準となっている。	NATM工法（ロックボルト，防水シート，吹付けコンクリート，覆工コンクリート，金網）
	掘削時の切羽の自立が適用の前提条件となる。	
シールド工法トンネル	シールドマシンを地中において掘進させ，抗壁をシールド外殻およびセグメントにより保持し土砂の崩壊から守り，トンネルを構築する工法である。	シールド工法（シールド，カッター，推進ジャッキ，ずり運搬，立坑）
	密閉型シールドと開放型シールドの2種類がある。	
開削工法トンネル	地表面から掘削し，所定の位置にボックスカルバートやアーチカルバートなどのトンネル構造物を構築後に埋め戻し，地表面を復旧する。	開削工法（埋戻し，土留鋼坑，埋戻し完了後抜取りまたは頭部切断，ボックスカルバート）
	施工上の制約はあまり受けない。	
沈埋工法トンネル	地上においてあらかじめ，分割した函体などのトンネル構造物を構築し，船舶などで所定の場所に移動し海底などに沈めてから接合をする。	沈埋工法（海底，車道，管理道，沈埋函，埋戻し砂（砂礫））
	水密性の確保が重要となる。	

NATMによる掘削工法

ロックボルトと吹付けコンクリートを主たる支保部材として掘り進めるもので，各種の地山に採用され，従来の矢板工法よりもあらゆる面で優れており，わが国の山岳トンネル工法の標準工法となっている．

NATMによる掘削工法を下表に示す．

全断面工法	補助ベンチ付き全断面工法	ロングベンチカット工法	ショートベンチカット工法
トンネル掘削幅 D	ベンチ長≒2～4 m	ベンチ長≒>5D	D<ベンチ長≦5D
・小断面トンネルにおける一般的施工法 ・安定した地山なら大断面、中断面でも可 ・急速施工に有利	・全断面施工が困難だが地山は比較的安定している場合 ・切羽が単独で作業の錯綜がなく安全	・全断面施工が困難だが地山は比較的安定している場合 ・機械設備、作業員の節約を図れる	・土砂地山、膨張性地山から中硬岩地山まで適用可能 ・最も基本的かつ一般的な施工法
ミニベンチカット工法	多段ベンチカット工法	中壁分割工法	側壁導坑先進工法
ベンチ長<D		上半のみ中壁分割する方法と上下半ともに分割する方法がある	
・ショートベンチカットより内空変位を抑制する場合 ・早期の閉合を必要とする場合	・縦長の大断面トンネルで比較的良好な地山に適用 ・切羽の安定が確保しやすい	・土被りの小さい土砂地山に適する ・断面分割により切羽の安定が確保できる ・地表面の沈下を減少	・ベンチカット工法では地盤支持力が不足する場合 ・土被りの小さい土砂地山に適する

トンネルの覆工

覆工とはトンネル掘削後の内空変位が収束した後に支保部材の内面をコンクリートなどで巻き立てることで，明治の頃まではレンガによるものが多かったが，現在は現場打ちコンクリートによるものが標準工法となっている．

- **トンネルの覆工区分**：覆工区分の基本はアーチ部，側壁部およびインバートからなるが，安定した地山の場合にはインバートは用いられない場合もある．覆工は一般的には無筋コンクリート構造となるが，抗口付近や膨張性地山などで

圧力や荷重が大きくなる場合には鉄筋コンクリート構造とすることがある．
- **型枠工**：通常の直線や緩やかな曲線部は移動式型枠を用い，急曲線や拡幅部では組立式型枠が用いられる．1回の打設長は，コンクリートの温度収縮や乾燥収縮を考慮して9〜12 mが標準となるが，長大トンネルの場合は15〜18 mの移動式型枠を用いることもある．

▲ レンガによる覆工

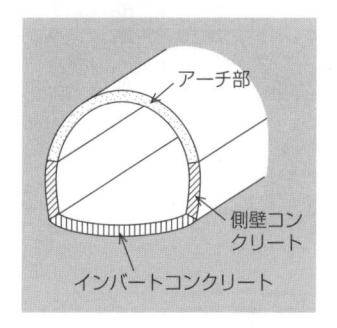

▲ コンクリート覆工

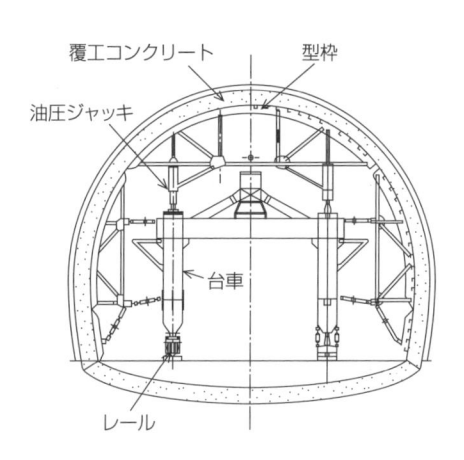

▲ 移動式型枠

- **覆工コンクリートの打設**：アーチ部および側壁のコンクリートは，一般的には全断面打設で行うが，側壁導抗先進工法の場合には，側壁コンクリートを先に打設する場合がある．また，覆工の時期は原則としては内空変位が収束した後に施工するが，膨張性地山の場合は早期の閉合を必要とするために早めに打設する場合がある．
- **インバートコンクリートの打設**：安定した地山や小断面トンネルでは後打ち方式とし，早期の閉合を必要とする膨張性地山や大断面トンネルでは先打ち方式とする．また，圧力トンネルなどでインバートも含めて全断面を同時に施工する，全巻き方式がある．

抗門

坑門とはトンネルの出入口にあたる部分の構造で，山止めの機能をもつ面壁型と，山止めの機能をもたない突出型がある．抗門型式を下表に示す．

形式		形状	特徴	
面壁型	重力式		地形への適応は良い．	(a) 重力式
			基礎の地耐力が必要．	
			経済性，安定性の点で劣るため，最近の施工実績は少ない．	
	ウィング式		地形への適応は良い．	(b) アーチウィング式
			トンネル延長が短くなり経済的となる．	
			背面土圧を受ける場合に適用．	
突出型	突出式		地形が比較的なだらかな場合に適用．	(a) 突出式
			開削工法で施工する場合に適用．	
			雪崩が問題になる積雪地の場合に採用．	
	竹割式		地形が比較的なだらかな場合に適用．	(b) 竹割式
			トンネル延長が長くなり経済的に不利となる．	
			美観が要求される場合に採用．	

6-6 上水道

■ 飲み水を確保する

人間が生活していくには水は必要不可欠なものであり、水源から都市への安定的な供給を図るための上水道の機能は、ライフラインの中でも最も重要な分野であり、土木の果たす役割は大きい。

上水道の歴史

わが国の上水道の歴史は、16世紀半ばの戦国時代からはじまり、以降、都市の形成・発展と共に進歩を重ね、現在の近代的施設となった。

時　代	主な出来事
近世 （戦国時代〜 江戸時代）	北条氏康の小田原支配時に早川から水を引き、小田原城下に飲用として供した「小田原早川上水」が最古の水道と考えられる（1500年代半ば）。
	江戸初期に徳川家康が江戸の都市建設のために井之頭池から引いた「神田上水」が初の本格的公共水道事業といえる（1600年代初期）。 その後、玉川上水、千川上水などが江戸の町に引かれ、その後に青山・亀有・三田の3つを加えて「六上水」と称された（1600年代前半〜半ば）。
	地方都市でも、福井水道、赤穂水道、福山水道、仙台水道、金沢水道が建設された（1600年代前半）。
近代 （明治〜 昭和初期）	わが国の近代的水道は、イギリス人技師のパーマーを招き、相模川の上流に水源を求めて近代水道の建設に着手し、1887年（明治20年）に横浜の外国人居留地で給水されたのが始まりである。 その後、函館、神戸、下関の開港した港町に次々と浄水による上水道が建設されていった（1800年代後半）。
	東京では1898年に多摩川から淀橋浄水場（現在の新宿副都心）を経由して、市内へと配水する設備が完成し、近代的システムの基礎となった。
戦後〜高度 経済成長期	その後整備が進み、上水道普及率（給水人口／総人口）は、1945年に20％、1956年に69％、1975年に87％となり現在ではほぼ100％となっている。
現代の 水道事情	近年の生活の多様化、水洗トイレの普及により水需要が増大している。
	河川をはじめ取水源の水質汚染の問題が発生している。
	ダムなどによる取水源の確保が困難となってきている。
	節水対策および下水道との一体化による対策への取組みが期待される。

上水道の施設

土木分野における上水道の施設としては、大別して水源施設、浄水施設、送水施設がある。

- **水源施設**：取水源に設置する施設で、ダムにおいては取水塔、河川においては取水堰や取水樋門、地下水からの取水には、井戸および揚水機場などがある。

■ 第6章　主な土木工事

その他，水量変動に対応するための貯留施設としての貯水池がある．

▲ 水源施設

- **浄水施設**：取水源から送られてきた原水を，水処理により不純物を除去し，飲用などの使用目的の水質に浄化する施設である．一般的には沈殿，ろ過，消毒の3つの過程を経て給水され，都市地域では，主に薬品を用いた急速ろ過が行われる．

▲ 長沢浄水場（急速ろ過）（提供：植木誠）

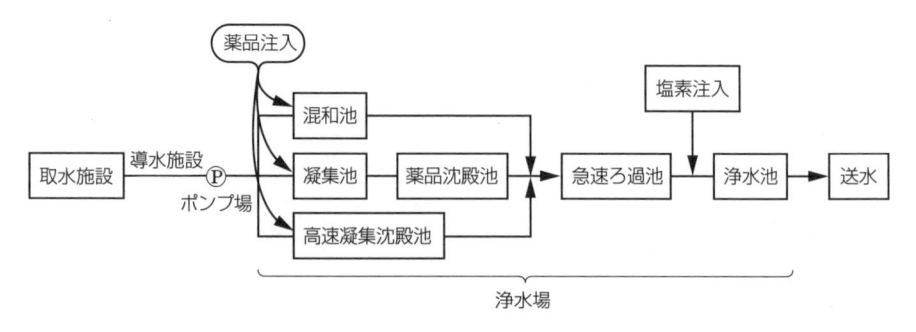

▲ 浄水施設

- **送水施設**：取水源から給水地点までの経路により，次のような種類に分類される．
  - ①導水路：取水源から浄水場までの水路で，開渠またはトンネルおよびパイプラインとなる．
  - ②送水路：浄水場から配水池までの水路で，汚染防止のためにパイプラインとなる．
  - ③配水路：配水池から各給水エリアに分配する水路で，網状に配水することにより，一地点に二方向からの供給が可能とする．
  - ④給水路：配水管から分岐し，各家庭の給水栓，ビルやマンションの受水層などの個人の敷地内に敷設される管路をいう．

▲ 給水塔

6-7 下水道

■ 雨水や汚水をきれいに流す

わが国では，古来，糞尿は農家における最大の肥料として扱われたこともあり，下水道は先進諸国に比べ，社会整備の中でも遅れている分野であり，現在，急速に整備が進められている．

下水道の歴史

日本の下水道の歴史は遅く，近代的な下水道が始まったのは，明治時代以降である．

時　代	主な出来事
古代～近世	平城京に下水渠が造られる．
	安土桃山時代に，大阪城下町で太閤下水が造られ，現在でも使われている．
明治～大正年代	1872年（明治5年），銀座で大火があり復旧のための街路整備に伴い近代下水道が整備された．
	1877年（明治10年），東京でのコレラの大流行を機に衛生面からの下水道整備の必要性が叫ばれ，1884年（明治17年）に東京神田に汚水も含めた近代下水道（神田下水）ができる．
昭和年代	1930年（昭和5年），活性汚泥法による最初の処理が名古屋で始まる．
	1958年（昭和33年），新下水道法が制定される．
	1965年（昭和40年），大阪寝屋川にて流域下水道事業（複数の市町村にまたがる）が始まる（下水道普及率8％）．
現在（平成）の下水道	1994年（平成6年），全国の下水道普及率が50％を突破する．
	2007年（平成19年）現在，全国の下水道普及率は70.5％となる．
	今後，三次処理による中水道への再利用，発生汚泥の農業用土や建設用土への再利用についての取組みが期待される．

主要都道府県の下水道普及率（下水道利用人口／総人口）は下表のとおりである（2007年3月31日現在，社団法人日本下水道協会）．

単位〔％〕

全　国	東　京	神奈川	兵　庫	大　阪	北海道	京　都	滋　賀	宮　城	埼　玉	長　野
70.5	99	95	90	90	88	88	82	74	74	74
～	愛　媛	大　分	佐　賀	三　重	鹿児島	香　川	島　根	高　知	和歌山	徳　島
～	44	41	42	40	37	38	38	29	16	12

ちなみに諸外国では，オランダ98％，イギリス97％，ドイツ95％，スウェーデン86％，カナダ74％，アメリカ71％となっている（データ年次は異なる）．

下水道の排水方式

下水の排水には大別して**雨水排水**と**汚水排水**があり，その排水方式により，**合流式**と**分流式**に分けられる．

- **合流式**：雨水と汚水を同一の系統で流下させるもので，一般的には雨水量のほうが汚水量よりも多いので，管路断面は雨水量で決定される．雨水排水が主目的の場合には有利となるが，汚水中の浮遊物により水質汚染が生じるおそれが多い．
- **分流式**：雨水と汚水を別々の系統で流下させるもので，二系列となり建設費は高くなるが，水質汚染の影響は少なく，目的に応じた効率的な処理ができる．近年は，分流式の採用が多く見られる．

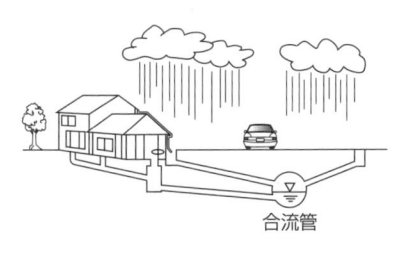

▲ 合流式 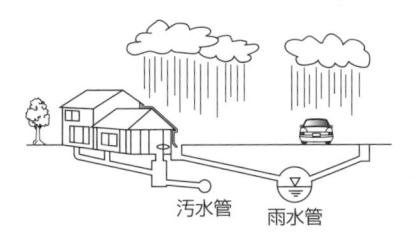　　　　　　　　　▲ 分流式

下水管渠

雨水は道路側溝などから雨水ますに集水され，汚水は各戸の汚水ますによりそれぞれ下水管渠に流下される．

上水道管と異なり下水管には下記の特徴がある．
① 原則として自然流下であり，流下勾配が必要となる（流下勾配が確保できない場合には中継ポンプを用いることもある）．
② 汚水には腐食性の物質が多く含まれるので，鋼管類は使われない．
③ 点検・維持・管理のために適当な間隔でマンホールを設置しなければならない．

管渠の主な施工方法には下記の3つの工法がある．
① 開削工法：経済的で施工も容易なので，最も一般的に行われる．
② 推進工法：工場で製造された推進管（鉄筋コンクリート管，鋼管，鋳鉄管など）の先端に掘削機を取り付け，ジャッキの推進力などで管を地中に圧入して，管渠を築造する工法で，小口径（1 500 mm 程度以下）の掘削によく用いられる．

③ シールド工法：大口径（1 500 mm 程度以上）の掘削に用いられるトンネル構築の工法で，シールドといわれる鋼製の枠をジャッキにより推進する．

下水処理場

送られてきた下水を浄化し，河川や海へ放流する施設で，正式には「終末処理場」と定義される．「浄化センター」，「水再生センター」と呼ばれることもあり，主に水処理施設と汚泥処理施設に分けられる．

代表的な下水処理場のシステムを図に示す．

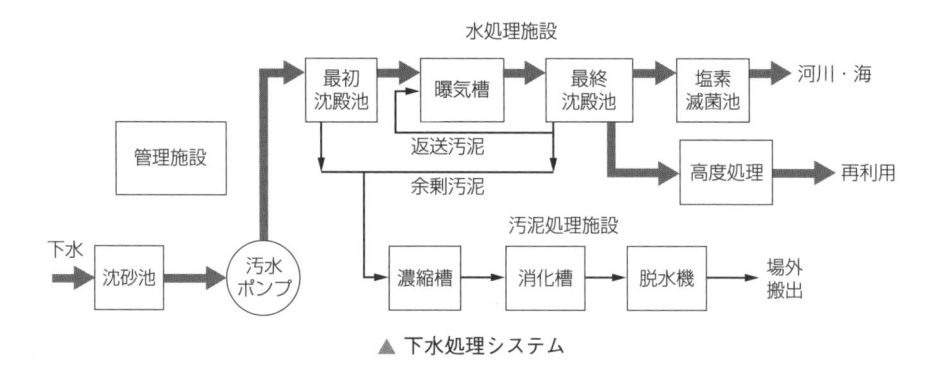

▲ 下水処理システム

- **沈砂池**：送られてきた下水をゆっくり流すことにより，下水に含まれる大きなゴミや土砂を沈下させ取り除く．
- **汚水ポンプ**：一般的に下水は自然流下で，終末の処理場では地下深くなるため，汚水ポンプにより処理施設へ汲み上げる．
- **最初沈殿池**：沈砂池で沈まなかった小さなゴミや砂を沈殿させて除去する．
- **曝気槽（反応槽，エアレーションタンク）**：タンクに入った下水に活性汚泥（酸素のある状態で有機物を分解するバクテリアや原生動物のような微生物）を加えて空気を吹き込み，下水中に含まれる有機物を吸着，分解し海綿状の固まりとする．
- **最終沈殿池**：海綿状の固まりとなった活性汚泥を沈殿させ，上澄み水は消毒施設へ，沈殿した汚泥は再び曝気槽へ返送する．
- **消毒施設（塩素滅菌池）**：最終沈殿池の上澄み水を，主として塩素による消毒を行い，河川や海に放流する．
- **高度処理**：処理水を工業用水，農業用水への再利用や，放流先の環境保全を行うために，二次処理水についてさらに窒素およびりんの除去を行う．
- **汚泥濃縮槽**：最初沈殿池での初沈汚泥と，返送汚泥の一部を混合して比重差や重力を利用して濃縮を行う．

- **汚泥消化槽**：濃縮汚泥を空気がない状態で，嫌気性微生物の作用で減量化を行う．
- **汚泥脱水機**：濃縮汚泥に凝結剤または凝集剤を添加し，脱水機により減量化を図り固形物へと分離する．
- **再利用**：分離された固形物は焼却され，堆肥，肥料，セメント原料あるいは埋立土などに再利用される．近年，歩道などのインターロッキングに利用されることも多い．
- **処理場上部の利用**：下水処理場の建設は，環境面から住民の反対が強く，迷惑施設として住宅地から遠く離れた場所に建設されることが多かった．しかし，処理場周辺まで住宅地が広がってきて，市街地内に下水処理場を建設するケースもでてきた．下水処理場の広大な用地と浄化した処理水を活用して，施設上部を公園やスポーツ施設として開放する事例が多くなってきている．

（a）清瀬水再生センター 　　（b）運動場・周囲：ビオトープ公園

▲ 処理場上部の利用

地表排水

農地あるいは農地を含む都市近郊地域では降雨による地表の排水は，流下断面の確保，維持管理および経済性を考慮して，開渠により直接河川，湖沼あるいは海に放流されることが多い．また，放流河川の水位が高くなる場合には排水機場（ポンプ場）により放流する．

▲ 排水路 　　　　　　　　▲ 排水機場

土木豆辞典

■ トンネル工事の言い伝え

【トンネル作業現場に女性は絶対に入れてはならない！】（近年，女性の土木技術者も多くなり，入るケースも見受けられるが，こだわる職人も未だ多い．）

- 一説：トンネル掘る山の神さんは，女性の神さんであり，女性を切羽（最先端の掘削作業場）に入れると神さんが嫉妬心からやきもちを焼き，地山を揺さぶり落盤を起こす．
- 二説：トンネル現場は，非常に過酷で，山の緩みは，気の緩みから…と言われるように緊張の連続の中で気を緩め油断すると落盤で命を落とす．うす暗い切羽に女性がいると作業員の気が散り，集中力欠乏で事故が起きる．

【トンネル内（坑内）で口笛吹いてはいけない】

口笛を吹くとトンネル内で反響し地山を揺さぶり落盤を引き起こす引き金になる．

【抗口（トンネル入り口）でおしっこをするな】

トンネルの入り口で小便をすれば入り口が崩壊し，生埋めとなるので絶対にしてはならない．また，入り口は神殿の真正面であり神におしっこをかけるようなもので罰が当たる．よって，絶対に禁止されていた．

【坑内に犬を入れてはいけない】

山の神は，犬が嫌いで特に坑内での鳴き声はかん高い声で響くため共鳴し，地山を揺さぶり落盤させる．

【腹巻きは，さらし布を使え！】

隧道掘削の抗夫は必ず腹巻きにさらし布を巻いていた．これは，おなかを冷やさないようにする事はもちろんであるが，事故があった場合，紐に，包帯に，ターバンにし頭部の保護にと使える．坑内は暗闇であり，行動を共にし脱出するときの誘導紐としても使う．よって，昔の抗夫は，必ず巻いていた．

【神棚の大きさは？】

家内安全，安全施工など神棚を奉る場合の棚の大きさは，長さ3尺6寸5分，幅1尺2寸，板厚1寸2分が良いとされている．何故であろうか？

一年は，365日（12ヶ月）．12支に因んで決められたのだろうか？

第7章

他の土木分野

他にもある，こんな土木

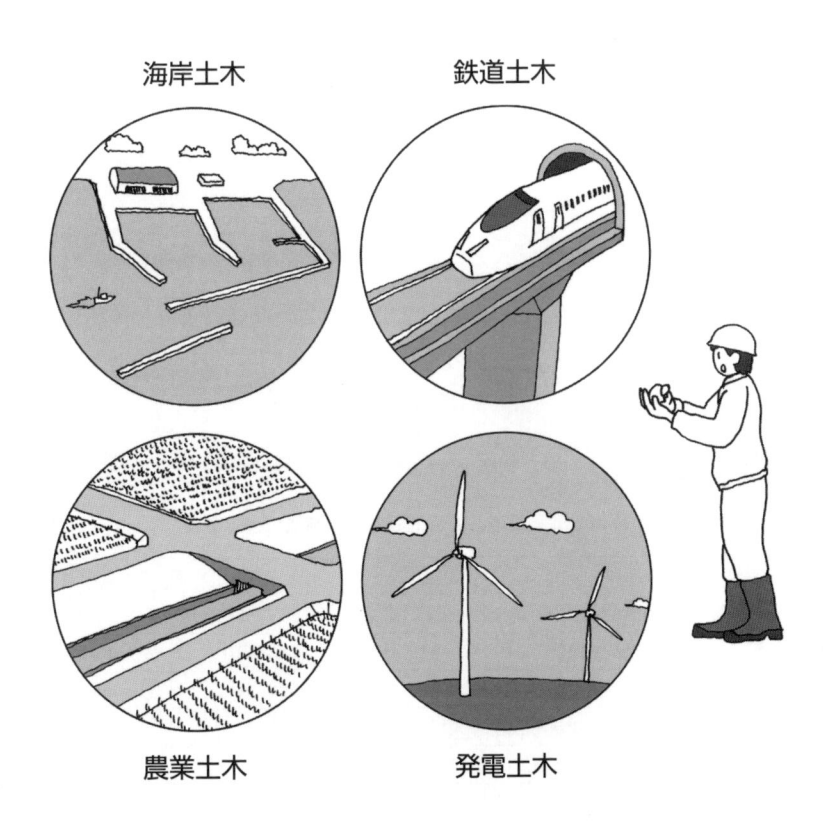

海岸土木

鉄道土木

農業土木

発電土木

7-1 海洋土木

■ 海辺を護り港を整備する

　海に囲まれたわが国では，古代より船舶を利用した交通移動が盛んであった．そのため，海・河川・湖に面した船舶の停泊に適した地域に人々が集中し，水上と内陸を結ぶ交易市場として栄え，やがて都市へと発展していった．土木分野の中でも，「海洋土木」は陸上とは異なった特殊な専門技術を要する土木である．

港湾の歴史

　日本の港湾の歴史は，縄文時代にまで遡るともいわれている．
- 弥生時代には，中国王朝との交易が始まり列島各地に港町が形成されていった．
- 古墳時代以降，九州方面と関西方面を結ぶ瀬戸内海が当時の重要な交通路となり，沿岸には多くの港が形成されていった．
- 平安時代末期には，大輪田泊（神戸の前身）が日宋交易の拠点となった．
- 鎌倉時代後期以降，列島内の交易はますます活発化し，水上交通の発展に伴い港町も繁栄していった．
- 江戸時代に入り，関西の西廻り航路および東北方面の東廻り航路が整備され，途中の中継点として各地の港町が繁栄していった．
- 明治時代になり海外との貿易が本格化し，長崎，神戸，横浜，函館などの大きな港町が発展していった．
- 大正，昭和時代となり，重工業の発展および戦時体制のもと，軍港の台頭も目立ってきた．
- 戦後から現在に至り，鉄道や自動車および航空機の発展により国内物流としての水上交通は減少してきたが，海外との物流においては現在も中心となっている．

港湾の分類

▼ 港湾の管理，建設を目的とした港湾法による分類

区　分	概　要	代表港
特定重要港湾	重要港湾の中でも国際海上輸送網の拠点として特に重要な港湾	東京港など23港
重要港湾	国際海上輸送網または国内海上輸送網の拠点となる港湾など	青森港など128港
地方港湾	重要港湾以外で地方の利害にかかる港湾	全国936港
56条港湾	都道府県知事が港湾法第56条に基づいて公告した水域	
避難港	小型船舶が荒天・風浪を避けて停泊するための港湾	下田港など36港

7-1 海洋土木

▼ 港湾の用途による分類

種類	内容	主な入港船舶
商港	外国貿易・内国貿易による貨物取扱いを主とする港湾	貨物船，コンテナ船など
工業港	工業地域に接し原料や工業製品の取扱いを主とする港湾	タンカー，原料輸送船など
漁港	水産物の取扱いを主とする港湾	漁船など
フェリー港	車両・旅客を運送するフェリーが出入港する港湾	フェリー
マリーナ	娯楽・観光目的の船舶が停泊・発着する港湾	ヨット，遊覧船など
軍港	軍事的な性格を持った港湾	軍艦など
避難港	小型船舶が強い風浪から避難するための港湾	小型船舶など

（a）商港　　　（b）漁港　　　（c）マリーナ

港湾構造物

港湾には，水域，陸域それぞれに各種の港湾施設が整備されており，主要な港湾施設は下表のように区分されている．

区分	港湾施設
水域施設	航路，泊地，船だまりなど
外郭施設	防波堤，防潮堤，堤防，護岸，導流堤など
係留施設	岸壁，物揚場，係船浮標，桟橋，埠頭など
臨港交通施設	港湾道路，臨海鉄道，運河，駐車場など
荷捌き施設	荷捌き地，荷役機械，上屋など
旅客施設	旅客乗降用施設，旅客ターミナルなど
保管施設	倉庫，野積場，コンテナヤードなど
船舶役務用施設	給水施設，給油施設など
航行補助施設	航路標識，信号施設，照明施設など
環境整備施設	廃棄物施設，廃油処理施設など

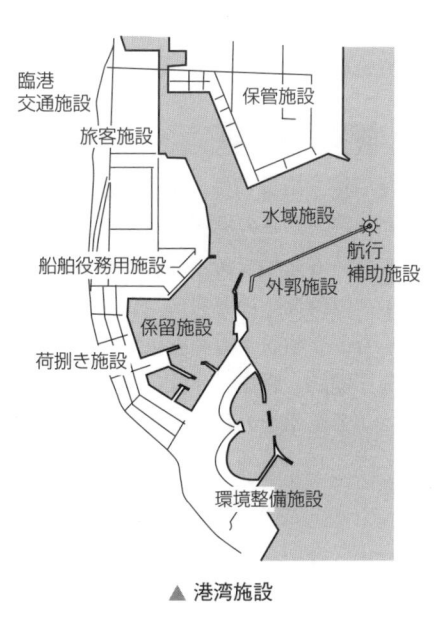

▲ 港湾施設

第7章 他の土木分野

海岸の保全

　国土の周囲を海に囲まれたわが国において，海岸を健全な状況に保全していくことは，高潮や津波などの災害から後背地である農地や市街地を守るとともに，国土全体を保全する重要な意味を持つものである．

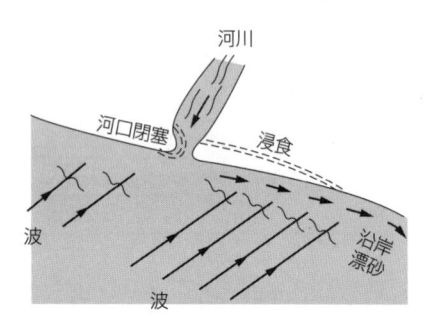

- **漂砂**：波や海水の流れによって海浜の砂が移動する現象をいい，いろいろなかたちの砂浜をつくったり，港湾の埋没を引き起こしたりする．この漂砂のバランスを保つことが海岸の保全に最も重要なことである．
- **海岸浸食**：わが国では，急峻な河川流域から多量の土砂が海岸に供給されることにより，「白砂青松」といわれる多くの美しい砂浜海岸を形成し，海洋文化をつくりあげてきた．しかし，河川流域の開発や治山，治水および海岸線の開発により，この自然バランスに狂いが生じ著しい海岸浸食が生じてきている．

▲ 海岸浸食

海岸保全施設

　海岸保全施設とは，海岸保全区域内にある堤防，護岸，胸壁などにより津波，高潮，波浪からの災害，海岸浸食などから後背地の人命や財産を防護する役割を担っているものである．これら施設の整備にあたっては，従来の線的な防護から，近年，面的な防護と共に，貴重な生態系の保護，海岸の親水利用促進をも考慮した総合的な検討が進められている．

- **海岸堤防・護岸**：津波，高潮，波浪による海水の陸域への浸入および浸食などによる海岸線の後退を防ぐための施設であり，以下の形式がある．

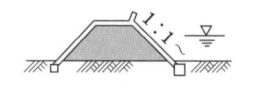

▲ 傾斜型 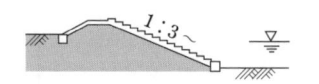　　　　　▲ 緩傾斜型

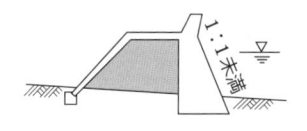

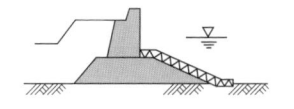

▲ 直立型　　　　　　▲ 混成型

- **消波工**：消波工は，海岸堤防の前面に設置し，表面の摩擦力と内部の空隙により波の持つエネルギーを減衰させ，打ち上げや高波を減少させるものである．表面粗度が大きく，波の規模に応じた適度の空隙を持つと共に，波の水量の一部を貯留するある程度の容量を持つことが条件である．以前は捨石が用いられたが，最近は消波ブロックが多く用いられている．以下に代表的な消波ブロックを示す．

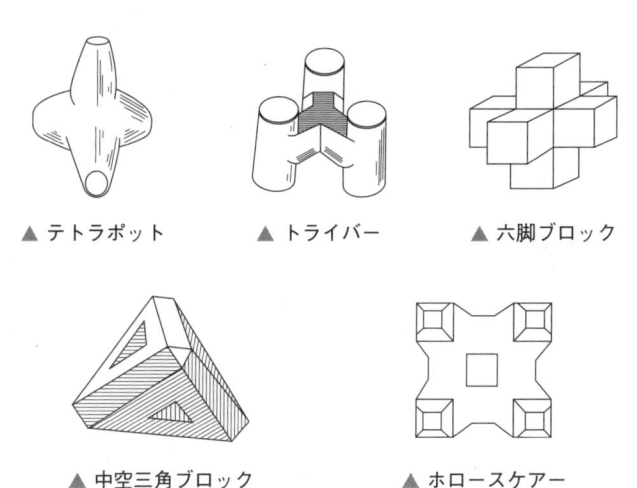

▲ テトラポット　　　▲ トライバー　　　▲ 六脚ブロック

▲ 中空三角ブロック　　　▲ ホロースケアー

- **突堤**：海岸線に直角方向に海側に，細長く突き出して堤防を設置し，沿岸漂砂を制御することにより汀線を安定に保つ．通常は，一定の間隔で数基から数十基設置する．
- **離岸堤**：汀線から離れた沖合に，海岸線と平行にブロックを設置し，消波および波高減衰効果と汀線漂砂の制御により背後（陸側）に堆砂（トンボロ）を形成する効果がある．
- **ヘッドランド**（人工岬）：突堤とほぼ同様の施設で，天然石などを用いて人工的にT字型の岬を複数基設置し，岬間からの流砂を制御し海浜の安定を図る．
- **人工リーフ**（潜堤）：海面下に，潜り状態で海岸堤を設置したもの．自然の珊瑚礁が持つ消波機能を利用し，沖合の水面下に捨石やブロックなどを投入し，人工的に岩礁を築造する沖合消波施設で，漁礁効果も発揮できる工法である．

■ 第7章　他の土木分野

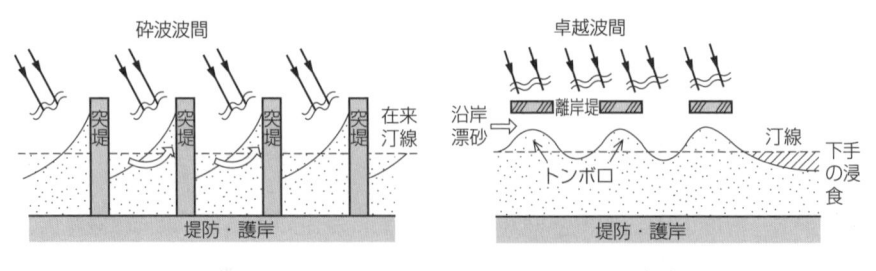

▲ 突堤

▲ 離岸堤

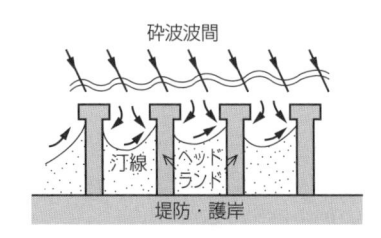

▲ ヘッドランド

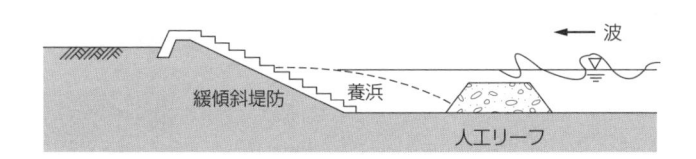

▲ 人工リーフ

7-2 鉄道

■ 人の移動と物の輸送を支える

　鉄道とは，一定の軌道に沿って旅客や貨物車両を運行する施設のことをいい，自動車交通に比べて排気ガスなどの公害問題も少なく，大量輸送に最も適した交通機関である．鉄道構造物の主なものとして，橋梁，トンネルがあり，土木技術の発展にも寄与している分野である（橋梁，トンネルの詳細については各章に示す）．

鉄道の歴史

時　代		主な出来事
明治～大正年代	1872年（明治5年）	わが国初の鉄道が新橋～横浜間（29 km）に開通する．
	1889年（明治22年）	東海道線（新橋～神戸間）が全線開通する．
	1891年（明治24年）	東北線（上野～青森間）が全線開通する．
	1895年（明治28年）	電車による初の鉄道として京都電気鉄道が開業する．
	1925年（大正14年）	山手線が環状線として運転開始する．
昭和年代	1927年（昭和2年）	わが国初の地下鉄が上野～浅草間（現銀座線）に開通する．
	1942年（昭和17年）	関門トンネルが完成する．
	1964年（昭和39年）	東海道新幹線（東京～新大阪間）が開業する．
	1975年（昭和50年）	山陽新幹線（新大阪～博多間）が全線開通する．
	1982年（昭和57年）	東北新幹線（大宮～盛岡間），上越新幹線（大宮～新潟間）が開通する．
	1988年（昭和63年）	青函トンネル，瀬戸大橋が開業する．
現在（平成）	1991年（平成3年）	東北，上越新幹線が東京発着となる．
	1992年（平成4年）	山形新幹線（東京～福島～山形間）在来線直通運転開始する．
	2001年（平成13年）	JR完全民営化となる．
	現在	北陸新幹線，九州新幹線建設中．

（a）蒸気機関車（提供：村上広）　　　　（b）新幹線

▲ 鉄道

鉄道の種類

鉄道の種類には，2本のレール上を走行する普通鉄道をはじめ次表のような種類がある．

普通鉄道	懸垂式鉄道	
2本のレール上を走行するJRや私鉄などの一般的な鉄道	モノレールのうち，軌道けたに懸垂して走行するもので，千葉モノレールなどが代表的である．	
跨座式鉄道	鋼索鉄道	案内軌条式鉄道
モノレールのうち，軌道けたに跨座して走行するもので，東京モノレールなどが代表的である．	山岳地域の傾斜地で見られ，ケーブルをつなぎモーターで動くケーブルカー	ゴムタイヤ式のいわゆる新交通システムと呼ばれるもので，ゆりかもめが代表的である．
無軌条電車	浮上鉄道	
トロリーバスで，現在，立山黒部アルペンルートの関電トロリーバスのみである．	浮上して走行する未来の鉄道といわれるリニアモーターカーである．	

旅客駅

- **駅本屋**：乗客の乗降に必要な各種設備を収容する施設をいい，設置位置により，地平駅，橋上駅，高架下駅，地下駅に分類される．
- **プラットホーム**：乗客が乗降するための施設で次表の4つの形式に分類される．

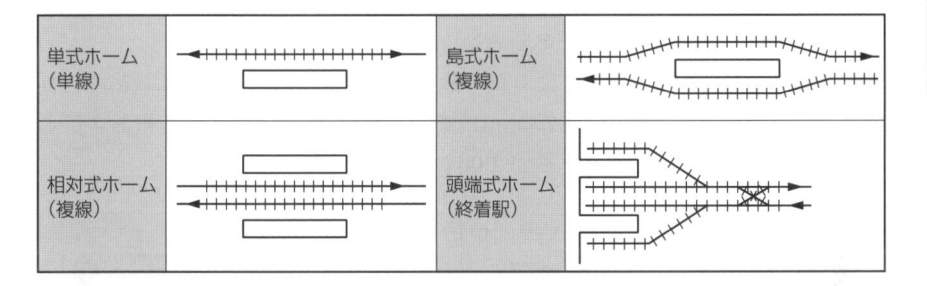

単式ホーム（単線）		島式ホーム（複線）	
相対式ホーム（複線）		頭端式ホーム（終着駅）	

路盤工

　軌道を支持するための地盤を路盤といい，土路盤と強化路盤に分類されるが，最近は列車の運行においてより安全な強化路盤の採用が一般的となっている．

- **強化路盤**：軌道直下の支持力不足や土質不良の場合，めり込み，噴泥などにより軌道の変位が生じ，列車の運行に危険が生じる．このため，路盤材料を入れ替えることにより路盤を強化することを強化路盤という．
- **排水処理**：路盤表面および路床面には，線路横断方向に3％程度の排水勾配を設けるとともに，のり面にはのり肩流入防止工，のり尻排水溝および犬走りにはのり面排水溝を設置する．

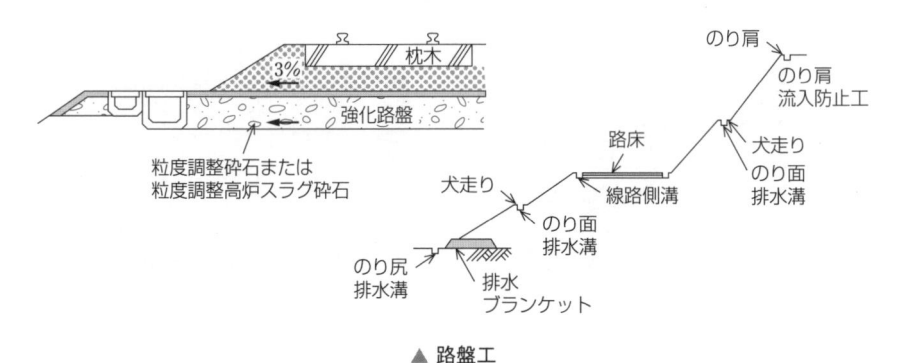

▲ 路盤工

軌間

軌間は2本のレールの間隔を表す数値で，具体的には左右のレールの内側の間隔をいい，正確には頭部より14 mm下の内側間隔で測る．

- 広軌鉄道：軌間が1 435 mmより広い鉄道で，日本には存在しない．
- 標準軌鉄道（欧米の標準規格）：軌間が1 435 mmの鉄道で，日本では新幹線，関西の私鉄，路面電車および多くの地下鉄路線で採用されている．
- 狭軌鉄道：軌間が1 435 mmより狭い鉄道で，京王線，都営地下鉄新宿線，都電および東急世田谷線が1 372 mm，また，JR在来線，多くの私鉄およびこれらの路線に乗り入れる地下鉄が1 067 mmとなっている．

広　軌	1 435 mm以上	日本には存在しない
標準軌	1 435 mm	新幹線，路面電車
狭　軌	1 372 mm	京王線，都電
	1 067 mm	JR在来線

軌道工事

鉄道における軌道とは，鉄道の線路のうち，路盤の上にある構造物を総称したもので，鉄道車両が走行するレール，レールの間隔を一定に保つ枕木，レールおよび枕木を支え，走行する車両の重量を路盤に伝える道床などから構成される．

- 軌道の種類：一般的なバラスト軌道以外に下表に示す省力化軌道がある．

TC型省力化軌道	舗装軌道
バラスト，枕木を一体化し，突固め作業ゼロの軌道である．	枕木を敷設し，周囲をモルタルまたは樹脂系材料で注入する．

直結軌道	弾性枕木直結軌道
コンクリート路盤に枕木を直接埋め込んでいるもの．	コンクリート道床にゴムなどの弾性材を介して枕木を敷設した軌道

- **道床工事**：道床の役割は，列車荷重による衝撃，振動を緩和，吸収することである．道床の交換箇所と未施工箇所において締固めに差を生じると不安定になるので，境界付近のつき固めは特に入念に行う．
- **マルチプルタイタンパー**：列車走行に伴うレールのゆがみを矯正するために使われる鉄道の保線用機械の一種で，略して「マルタイ」とも呼ばれる．レール上を自走でき，作業を行う時には線路閉鎖を行なわなければならないので，必然的に列車が走行しない夜間の作業が多くなる．マルチプルタイタンパーが導入される前は，人力により保線作業を行っていたため多くの人員と作業時間を要していたが，最新の機械では，100 m を 10〜15 分程度でつき固めることができる．

（a）マルチプルタイタンパー
（提供：新津正義）

（b）夜間保線作業
（提供：新津正義）

▲ 保線用機械

7-3 発電土木

■ 電気エネルギーをつくる

発電土木とは，発電所建設および送電施設に関する土木分野をいい，基本となる土木技術は一般の土木と何ら変わるものではない．今後も科学技術の発展に伴う電力需要の増大は予想され，発電所の構築に伴う土木技術の役割はますます重要となっていくであろう．

発電の変遷

明治20年代（1890年）にわが国に水力発電による電気の明かりが灯って以降，電力はエネルギー供給の最も重要な位置を占め，水力から火力（石炭，天然ガス，石油）および原子力発電へと変化していった．しかしながら，2011年の東日本大震災の原発事故により，現在，原子力の比率はほぼ0となっている．わが国の発電量の構成の推移を図に示す．

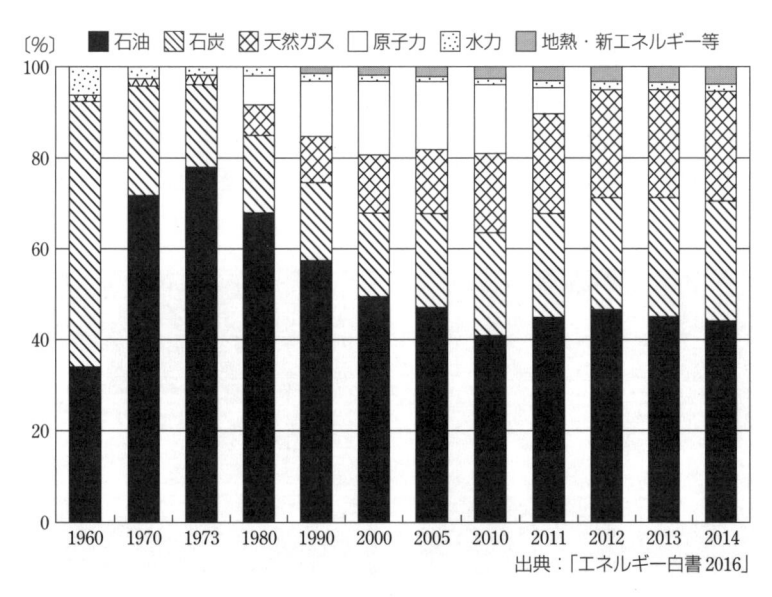

▲ 電源構成比の推移

出典：「エネルギー白書2016」

発電における土木の役割

発電に関する技術は，電気工学により進歩してきたが，発電所の基盤施設建設に関しては，ダムに代表されるように，土木技術が中心となることが多い．

発電所の主な種類ごとに必要とされる土木構造物を次表に示す．

7-3 発電土木

発電所	水力発電所	火力発電所	原子力発電所
主な立地	山間部，河川	臨海部	臨海部
土木構造物	ダム，トンネル，地下構造物，送水施設，工事・管理道路など	埋立施設，海岸施設，取水・排水施設，造成工事，基礎工事など	埋立施設，海岸施設，取水・排水施設，耐震構造，基礎工事など
		（提供：東京電力）	（提供：浜岡原子力館）

発電のしくみ

電気は，自然エネルギー（水力，風力，波力など）や化石燃料および原子力などにより，水車あるいはタービンに回転を与えることによりつくられる．

主な発電のしくみは下記のとおりである．

- **水力発電**：水が高いところから落下するときのエネルギーにより水車と発電機を回し，電気を発生させるものである．水の落差をつくるためにダムや水路を

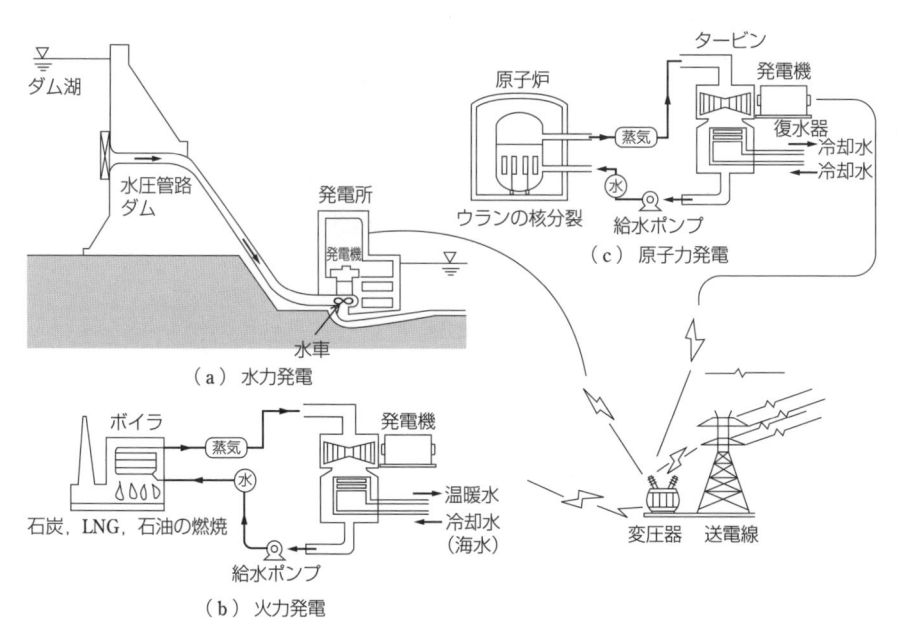

▲ 主な発電

■ 第7章　他の土木分野

設置するもので，山間地の河川に多く見受けられる．
- **火力発電**：重油，液化天然ガス，石炭などによりボイラーを加熱し，高温・高圧の蒸気を発生させ，発電機に直結したタービンを回転させ電気をつくる．蒸気によらずに直接タービンを回転する，内燃力発電やガスタービン発電もある．
- **原子力発電**：原子炉内の核分裂連鎖反応により発生する熱エネルギーを利用して蒸気タービン発電機を回転させ発電する．わが国の原子炉は大部分が軽水炉を採用し，核燃料を扱うことから，特に厳しい安全管理が要求されている．

これからの発電技術

- **原子力発電**：地震による事故の発生を機に，安全性に関する不安が大きくなりつつあり，海外でも閉鎖，廃止など原子力発電抑制の方向に進んでいる．
- **火力発電**：地球温暖化などの環境問題から，削減の方向に進みつつある．
- **水力発電**：ダム建設による環境問題により一時停滞したが，中小規模のクリーンエネルギーとして，発展の可能性を秘めている．
- **その他クリーンエネルギー**：地熱，風力，波力，太陽光などの自然エネルギーを利用した発電および生物に由来した再生可能な燃料を利用するバイオマスエネルギーが次世代の技術として期待されており，実績も増えつつある．

▲ 風力発電

7-4 農業土木
■ 食糧を確保し自然環境を護る

わが国の温暖湿潤な気候，および洪積台地，谷地，湿地などの地形風土に適した水稲耕作の普及と共に，**農業土木**がひとつの技術分野として確立されている．

農業土木とは

作家の司馬遼太郎は，「日本には稲作文化を支えた農業という技術と，土木という技術を併せ持った世界に比類のない学問—農業土木学—が現代に継承されている」と言っている．このように，日本の農業土木は世界に類のない技術大系として確立されてきた．農業土木の定義としては，土地改良事業に代表される，農業生産に係る基盤整備をはじめとして，農民の生活基盤および農村空間全般の環境整備も含めた分野として考えられる．

農業土木の歴史

土木の歴史をたどると，古代から近世に至るまで，土木の目的の多くは水稲を主体とする農業生産を主としたものであった．

時　代	主な出来事
古代〜中世	BC300年代（弥生時代），稲作が伝来し，谷地などの湿地を利用したかんがい農業が始まり，集落が形成され，定住生活が始まる．
	700年代（奈良〜平安時代），条理水田が広がり，荘園制度が確立される．
近世	1500年代（安土桃山時代），戦国大名の領国開発により，扇状地，三角州の耕地整備，大河川の治水，かんがい事業が進む．
	1600年代（江戸時代），利根川水系をはじめとする，大規模な新田開発と有明海などにおいて大規模な海面干拓が進められた．
近代（明治〜大正）	1870年代（明治時代），地租改正の大改革とともに，安積疏水，明治用水，児島湾干拓等の大規模プロジェクトが行われる．
	1899年（明治32年），耕地整理法が制定され，土地改良の基本ができあがった．
現代（昭和〜平成）	1949年（昭和24年），土地改良法が制定され，戦後復興へ向けて，愛知用水，八郎潟干拓などの大規模プロジェクトが行われる．
	1963年（昭和38年），圃場整備事業が創設され，農業生産基盤の確立が図られた．
	1990年代（平成），環境基本法，食糧・農業・農村基本法の制定により，循環型，環境保全型農業へと移行しつつある．

第7章 他の土木分野

農業農村整備事業（土地改良事業）

農業および農村における基盤整備事業は，地域全体を対象とすることが多く，基本的には公共事業として行われる．主な事業を次表に示す．

かんがい事業	農業生産に必要な用水を，水源地から農用地まで導水するもので，水源施設（ダム，地下水工），取水施設（頭首工，ポンプ），導配水施設（水路，水門），圃場かんがい施設，水管理施設などがある．	
排水事業	農用地および集落を含めた農村地域の地表水の排除と，過剰な土壌水分の排除を行うもので，排水路，排水機場，水門などの施設がある．	
圃場整備事業	農業生産性の向上を図るため機械化営農の発展および水田の高度利用を目指し，圃場の区画整理，農地の集団化を行うものである．区画面積の増大，用排水路および農道の整備，乾田化による水田の汎用化を図り，効率的な営農を可能とする．	
農地防災事業	地すべりや浸食，洪水や湛水，ため池などの老朽化施設および高潮や津波などの自然災害に対する対策と，土壌汚染，農業用水汚濁および地盤沈下などの人為的な災害に対する対策を行う．	
環境整備事業	農業の担い手を確保するために，集落排水，農村公園などの農村生活環境の整備と，農村の持つ多面的機能を生かした自然環境整備および都市と農村の交流を目的とした地域全体の総合的な環境整備が近年の重要な課題となっている．	

7-5 その他の建設分野
■ 土木を支えるその他の産業

土木施設の構築には，土木工事以外の建設技術と一体となってなされるものも多く見受けられる．これら建設技術の基礎となるものは，構造力学，土質力学，水理学，水文学をはじめとする，土木工学の基礎知識と共通の学問であり，広い意味での建設分野といえる．

各種産業と土木

各種産業においても，そこに基盤施設を設置する場合には，必ず土木技術の役割が生じてくる．

- **農業**：農業生産および農村生活を対象としたものとして，農業土木という分野が確立されている．
- **林業**：森林のもつ多面的機能（木材・林産物生産，水源涵養，国土保全，環境・景観保全など）を保持するための施設整備を目的とする森林土木という分野が確立されている．主な土木施設として，林道，砂防（山腹，渓流）施設がある．
- **鉱業**：わが国においては，石炭をはじめ，金，銀，銅などの鉱物資源の産出を対象として鉱山土木の分野が確立されていたが，近年退潮の傾向にある．しかし，鉱山土木の技術がトンネルや地下構造の技術発展に大きく貢献したことも事実であり，鉱山会社から大手ゼネコンへ成長していった企業もある．
- **工業**：臨海工業地帯，大規模化学プラント，内陸の工業団地などの建設においては，海岸・港湾工事，造成工事，上下水道工事および道路工事などの土木技術が重要な役割を果たす．

▲ 林道

▲ 鉱山

▲ 工業地帯

建築（造園）

　土木と建築（造園）を併せて，一般には建設分野として定義されており，土木施設の維持管理施設として，同時に建設されることが多く，土木分野には不可欠な技術分野である．

　土木施設付帯の代表的な建築施設としては，下記のものがある．

道　路	ダム・発電
休憩施設，管理施設，駐車施設	管理施設，発電所，機器上屋，公園

上下水道	鉄　道
浄水場，処理場，ポンプ場，公園	駅舎，駅ビル，駅前ターミナル

資機材・機器メーカー

　土木工事においては，構造物材料，仮設備，維持管理施設には欠かせない資機材，機器などが必要となりこれらも広い意味での建設分野として扱われる．

7-5 その他の建設分野

構造物・工事種別	主な資材・機材・機器
コンクリート構造物	セメント，骨材，鉄筋，型枠，生コンクリート，コンクリート二次製品
河川工事	護岸ブロック，護床ブロック，柵板，じゃ篭，ふとん篭，ゲート
道路工事	アスファルトコンクリート，のり面処理材，ガードレール，側溝，照明設備
橋梁工事	PC桁，RC桁，鋼製桁，鋼製ケーブル，ガードレール
ダム・発電工事	骨材，生コンクリート，ゲート，バルブ，鉄管，水車，タービン，発電機
トンネル工事	掘削機，シールドマシン，爆薬，支保工，セグメント，換気・照明設備
上下水道	コンクリート管，鋼管，塩ビ管，FRP管，マンホール，ポンプ，給水塔
海岸・港湾工事	消波ブロック，護岸ブロック，鋼矢板，
鉄道工事	レール，枕木，電気・通信機器，電線
基礎工事	コンクリート杭，鋼管杭，鋼矢板，形鋼，薬品注入，地盤改良材
仮設工事	鋼矢板，型鋼，支保工，仮排水設備，仮設建物，リース・レンタル機器

第7章 他の土木分野

第7章 他の土木分野

土木豆辞典

■ 土木用語（3）

名称	説明
丈量	昔の測量用語で，土地を測量して面積を出すこと．現在でも求積図を丈量図ともいう．
墨かけ	木材の加工の際に，中心線，切り口などを墨つぼの墨糸で書きつけること．
墨だし	構造物の位置や寸法を墨・ペンキなどで記すこと．
墨つぼ	木材に墨かけ，墨だしをするための道具．
せみ	チェーンブロックやクレーンに利用される滑車のことで，ワイヤロープをかけて回転させる．大小の滑車の回転数を組み合わせることにより，小さい力で重いものを持ち上げる（回すとジージーとせみの声に似ている）．
立っぱ	地面や床面から床版下面までの垂直の高さ．
長太郎	張り出した桁やはりを仮に支えるために入れる柱．
ちょうちん	高いところからコンクリートを打設する時に使用する円錐形のろうと管でコンクリートの分離防止となる．
丁場	工事現場を指す昔の呼び方
丁張（ちょうはり）	土工事の際の基準面やのり勾配を，木杭や板・なわで表すもの（丁張をかける）．
堤外地	河川や池の堤防の水のある側．
堤内地	逆に堤防に守られている集落のある側．
出面（でづら）	作業現場における作業員の人数を表し，"出勤簿の確認を出面をつける"という．
手待ち	資材待ちや関連工事との調整で，工程に遅れが生じ，作業員や機械を遊ばせる状態のこと．
手元	ある程度自由に使いこなせる，職人や作業員．

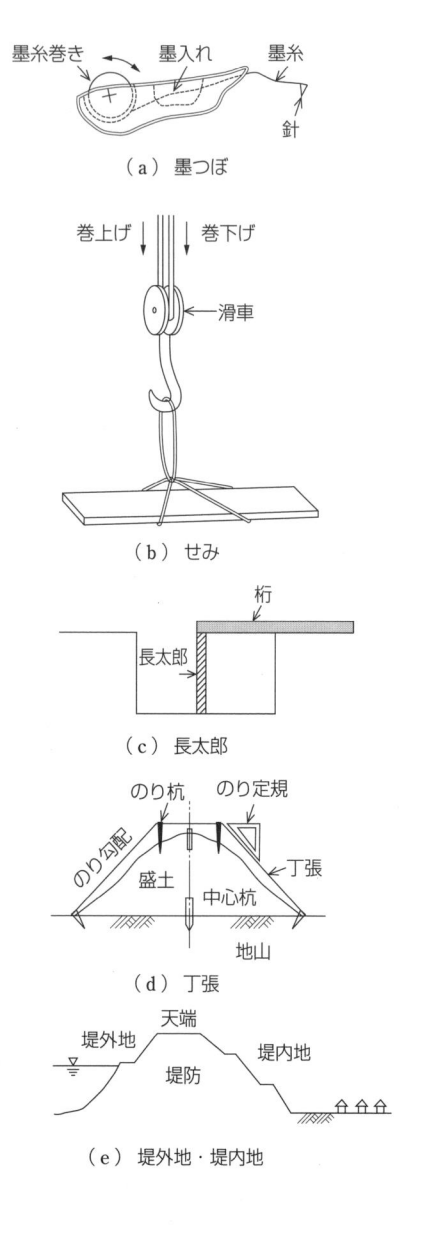

（a）墨つぼ

（b）せみ

（c）長太郎

（d）丁張

（e）堤外地・堤内地

第 **8** 章

施 工 管 理

良質で安く安全な工事

8-1 施工計画
■ 工事の最適な手順を立案する

施工計画を作成する（工期，品質，経済性，安全，環境）

　施工計画とは，工事の目的となる構造物を仕様書および設計図書に基づき，所定の工期内に，品質の良いものをかつ経済的に，環境面でも配慮しつつ，安全に施工されるような条件，方法を策定することである．

　施工計画の作成手順の概略は下図のとおりとなる．

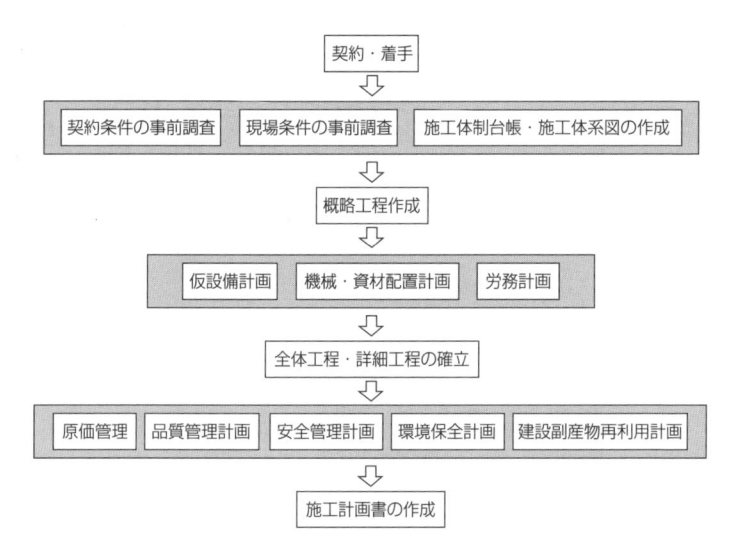

```
                    契約・着手
                       ⇩
┌──────────┬──────────┬─────────────────────┐
│契約条件の事前調査│現場条件の事前調査│施工体制台帳・施工体系図の作成│
└──────────┴──────────┴─────────────────────┘
                       ⇩
                   概略工程作成
                       ⇩
┌──────┬──────────┬──────┐
│仮設備計画│機械・資材配置計画│労務計画│
└──────┴──────────┴──────┘
                       ⇩
               全体工程・詳細工程の確立
                       ⇩
┌────┬──────┬──────┬──────┬────────────┐
│原価管理│品質管理計画│安全管理計画│環境保全計画│建設副産物再利用計画│
└────┴──────┴──────┴──────┴────────────┘
                       ⇩
                 施工計画書の作成
```

契約条件の検討をする（まずは契約関係書類の事前調査から）

- 請負契約書の内容について：工事内容，請負代金および支払方法，工期，各種損害および変更の取扱い，検査および引渡しの時期など
- 設計図書の内容について：設計内容，数量の確認，図面と現場の適合の確認，現場説明事項の内容，仕様書，仮設における規格の確認など

現場条件の検討をする（現地でしっかり事前調査）

- 自然状況の調査：地形，地質，気象・水文など
- 供給能力の調査：電力，水，輸送力，労力，資材など
- 周辺状況の調査：環境，公害，支障物など
- 土地および建物の調査：用地，利権，施設，建物など

施工体制台帳の作成（建設業法の義務である）

- 3 000万円以上の下請契約を締結し，施工する場合に作成する．
- 下請人の名称，工事内容，工期などを明示し，工事現場に備える．
- 発注者から請求があったときは，閲覧に供さなければならない．

施工体系図の作成（施工体制台帳を作成する特定建設業者が作成する）

- 工事に係わるすべての建設業者，技術者名および施工の分担関係を表示する．
- 現場の工事関係者および公衆に見やすい場所に掲示する．

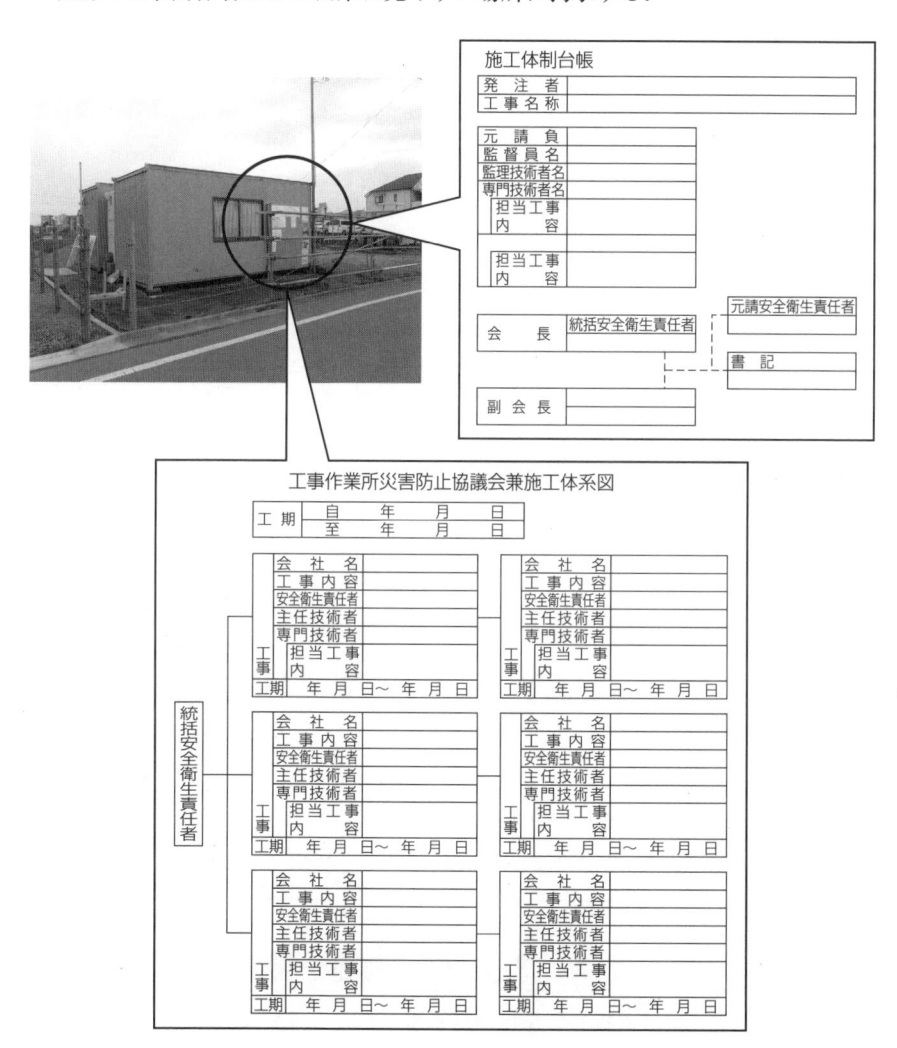

8-2 仮設備計画

■ 本工事と同様の重要な設備

仮設備計画の要点（仮設備でも手抜きは許されない）

　目的の構造物を築造する本工事に対し，その本工事のために必要な施設，設備に関する工事を仮設備工事という．仮設備という名のとおり，永久設備ではなく，一般的には工事完成後には撤去される．しかしながら，本工事が適正にしかも安全に施工されるためには十分な検討が必要となり，仮設備といっても決して手を抜いたりおろそかにしてはならない．

- 仮設備計画には，仮設備の設置はもとより，撤去，後片付け工事まで含まれる．
- 仮設備計画は本工事が能率的に施工できるよう，工事内容，現地条件に合った適正な規模とする．
- 仮設備が工事規模に対して適正とするためには，3ム（ムリ，ムダ，ムラ）のない合理的なものにする．
- 使用状況を考慮した構造設計を行い，労働安全衛生関係の各種法規に合致した計画としなければならない．

仮設の種類（一般には任意仮設が多い）

- 指定仮設：契約により仕様書，設計図で工種，数量，方法が規定されており，契約変更の対象となる．大規模な土留め，仮締切り，築島などの重要な仮設備に適用される．
- 任意仮設：施工者の技術力により工事内容，現地条件に適した計画を立案し，契約変更の対象とはならない．ただし，図面などにより示された施工条件に大幅な変更があった場合には設計変更の対象となり得る．

	指定仮設	任意仮設
設計図書	施工方法などについて具体的に指定（契約条件として位置付け）	施工方法などについて具体的に指定しない（契約条件ではないが参考図として標準的工法を示す場合がある）
施工方法などの変更	発注者の指示または承諾が必要	請負者の任意（施工計画書の修正，提出は必要）
設計変更	行う	行わない（施工方法などの変更がある場合） 行う（当初明示した条件の変更に対応）

仮設備の内容（本工事に直接必要か，間接的に必要かで分けられる）

- 直接仮設：本工事に直接必要な仮設備工事であり，主要なものとしては次表の

とおりである．

設　備	内　容
運搬設備	工事用道路，工事用軌道，ケーブルクレーン，エレベータなど
荷役設備	走行クレーン，ホッパー，シュート，デリック，ウィンチなど
足場設備	支保工足場，つり足場，桟橋，作業床，作業構台など
給水設備	給水管，取水設備，井戸設備，ポンプ設備，計器類など
排水，止水設備	排水溝，ポンプ設備，釜場，ウェルポイント，防水工など
給換気設備	コンプレッサ，給気管，送風機，圧気設備など
電気設備	送電，受電，変電，配電設備，照明，通信設備
安全，防護設備	防護柵，防護網，照明，案内表示，公害防止設備など
プラント設備	コンクリートプラント，骨材，砕石プラントなど
土留，締切設備	矢板締切，土のう締切など
撤去，後片づけ	各種機械の据付け，撤去

- 共通仮設：本工事に間接的に必要な仮設備工事であり，主要なものは下表のとおりである．

設　備	内　容
仮設建物設備	現場事務所，社員，作業員宿舎，現場倉庫，現場見張所など
作業設備	修理工場，鉄筋，型枠作業所，調査試験室，材料置き場など
車両，機械設備	車庫，駐車場，各種機械室，重機械基地など
福利厚生施設	病院，医務室，休憩所，厚生施設など
その他	その他分類できない設備

▲ 直接仮設（工事用道路）　　　　▲ 共通仮設（現場事務所）

8-3 原価管理

■ 目標は安くて良いものを造る

原価管理の手順（PDCAサイクルを回す）

　原価管理は，最も経済的な施工計画に基づいて実行予算を設定し，それを基準として原価を統制するとともに，実際原価と比較して差異を見出し，これを分析・検討して実行予算を確保するために原価引下げなどの処置を講ずるものである．このほか，工事の施工過程で得た実績などにより，施工計画の再検討・再評価を行い，必要に応じて修正・改善するなどの方法で行われる．

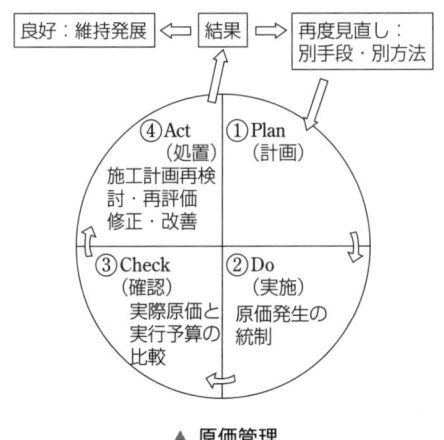

```
良好：維持発展 ⇐ 結果 ⇒ 再度見直し：
                          別手段・別方法

        ④Act        ①Plan
        （処置）     （計画）
      施工計画再検
      討・再評価
      修正・改善

        ③Check      ②Do
        （確認）     （実施）
      実際原価と    原価発生の
      実行予算の    統制
      比較
```

▲ 原価管理

原価管理の基本事項（工程，安全，品質の各管理の主要な柱となる）

- 実行予算の設定：見積り時点の施工計画を再検討し，決定した最適な施工計画に基づき設定する．
- 原価発生の統制：予定原価と実際原価を比較し，原価の圧縮を図る．原価の圧縮は，原価比率が高いものを優先し，低減が容易なものから行い，損失費用項目を抽出し，重点的に改善する．
- 実際原価と実行予算の比較：工事進行に伴い，実行予算をチェックし，差異を見出し，分析，検討を行う．
- 施工計画の再検討，修正措置：差異が生じる要素について調査，分析を行い，実行予算を確保するための原価圧縮の措置を講ずる．
- 修正措置の結果の評価：結果を評価し，良い場合には持続発展させ，良くない場合には別手段・別方法により再度見直しを図る．

工程, 原価, 品質との関係

- 工程と原価の関係（a曲線）：工程を早くして施工出来高が上がると，原価は安くなる．さらに施工を早めて突貫作業を行うと，逆に原価は高くなる．
- 品質と原価の関係（b曲線）：品質を上げると原価は高くなる．逆に原価を下げると品質は落ちる．
- 工程と品質の関係（c曲線）：品質を良くするには工程が遅くなる．突貫作業により工程を早めると品質が落ちる．

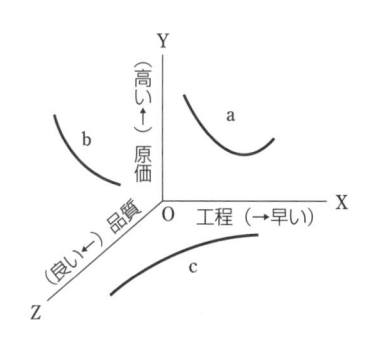

▲ 工程・原価・品質の関係

採算速度と損益分岐

- 損益分岐点において，工事は最低採算速度の状態である．
- 施工速度を最低採算速度以上に上げれば利益，下げれば損失となる．

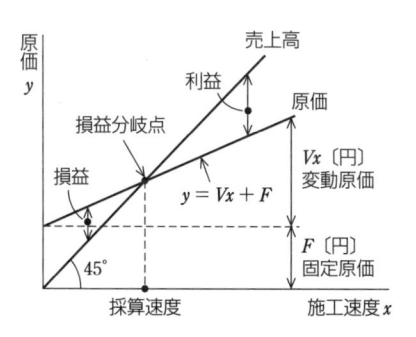

$y = Vx + F$

Vx〔円〕変動原価
F〔円〕固定原価

▲ 採算速度と損益分岐

工期と建設費用の関係（最適工期を定める）

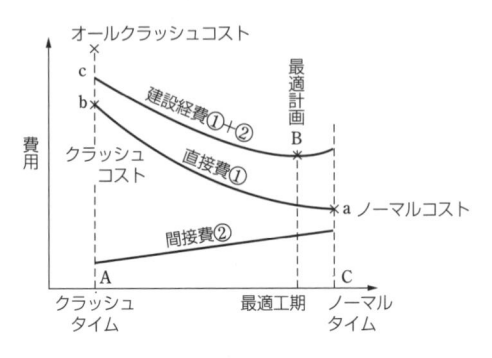

▲ 工期と建設費曲線

- **直接費**：労務費，材料費，直接仮設費，機械運転経費などで，工期の短縮に伴い直接費は増加する．
- **間接費**：現場管理費，共通仮設費，減価償却費などの費用で，一般に工期の延長に従ってほぼ直線的に増加する傾向がある．
- **最適計画**：直接費と間接費を合成したものが総建設費で，それが最小となる点が最適計画であり，そのときの工期を最適工期という．
- **ノーマルコスト**：直接費が最小となる点 a で表し，標準費用ともいう．またこのときの工期をノーマルタイム（標準時間）という．
- **クラッシュタイム**：ノーマルタイムより作業速度を速めて工期を短縮することができるが，直接費が増加し，ある限度以上には短縮できない時間（A）をいい，このときの点 b をクラッシュコストという．

8-4 工程管理

■ 最適な工程が品質を作り込む

工程管理の基本的事項（PDCAサイクルを回す）

　工程管理の目的は，工期，品質，経済性の三条件を満たす合理的な工程計画を作成することで，進度，日程管理だけが目的ではなく，安全，品質，原価管理を含めた総合的な管理手段である．

- 工程管理手順（PDCAサイクル）

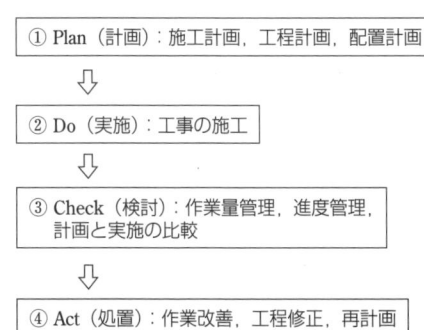

　① Plan（計画）：施工計画，工程計画，配置計画
　⇩
　② Do（実施）：工事の施工
　⇩
　③ Check（検討）：作業量管理，進度管理，計画と実施の比較
　⇩
　④ Act（処置）：作業改善，工程修正，再計画

④ 処置（工程修正）　① 計画（工程計画）
③ 検討（計画と実施の比較）　② 実施（工事施工）

▲ 工程管理

- 工程計画の作成手順

　①工程の施工手順 → ②適切な施工期間 → ③工種別工程の相互調整 →
　④忙しさの程度の均等化 → ⑤工期内完了に向けての工程表作成

作業可能日数の算定（稼働率の向上を図る）

① 稼働率，作業時間率の向上のための留意点
- 稼働率低下の要因を排除する（悪天候，災害，地質悪化などの不可抗力的要因／作業段取り，材料の待ち時間／作業員の病気，事故による休業／機械の故障）．
- 作業能率向上の方策を図る（機械の適正管理／施工環境の改良／作業員の教育）．

② 作業可能日数の算定
- 算定に考慮する項目（天気，天候／地形，地質／休日，法律規制など）．
- 作業可能日数≧所要作業日数＝（全工事量）／（1日平均工事量）
- 1日平均工事量＝1時間平均工事量×1日平均作業時間
- 1日平均作業（運転）時間＝1日当たりの拘束時間×運転時間率
　（主要機械の運転時間率は，標準で0.7である）

工程表の種類（各種工程表の特徴をつかむ）

① ガントチャート工程表（横線式）

縦軸に工種（工事名，作業名），横軸に作業の達成度を％で表示する．各作業の必要日数はわからず，工期に影響する作業は不明である．

▲ ガントチャート工程表（鉄筋コンクリート構造物）

② バーチャート工程表（横線式）

ガントチャートの横軸の達成度を工期に設定して表示する．漠然とした作業間の関連は把握できるが，工期に影響する作業は不明である．

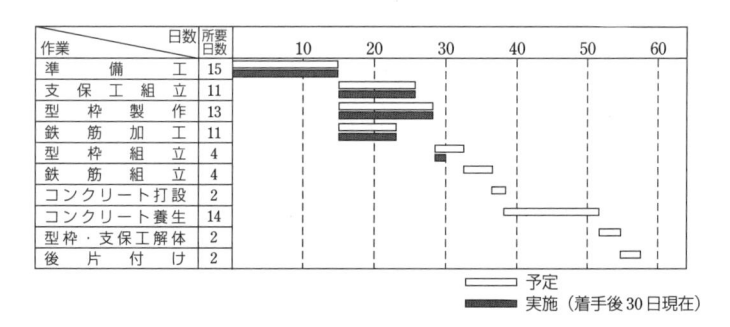

▲ バーチャート工程表（鉄筋コンクリート構造物）

③ 斜線式工程表

縦軸に工期を，横軸に距離をとり，各作業ごとに一本の斜線で，作業期間，作業方向，作業速度を示す．トンネル，道路，地下鉄工事のような線的な工事に適しており，作業進度が一目でわかるが，作業間の関連は不明である．

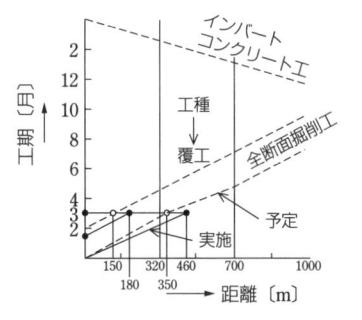

▲ 斜線式工程表（道路トンネル工）

④ 累計出来高曲線工程表（S字カーブ）

縦軸に工事全体の累計出来高〔％〕，横軸に工期〔％〕をとり，出来高を曲線に示す．毎日の出来高と，工期の関係の曲線は山形，予定工程曲線はS字形となるのが理想である．

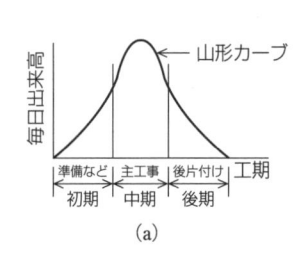

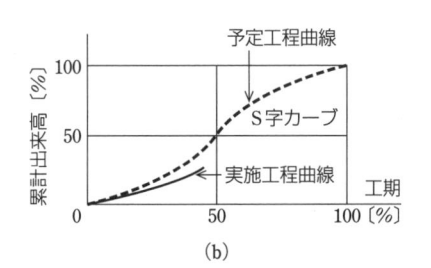

▲ 累計出来高曲線工程表

⑤ 工程管理曲線工程表（バナナ曲線）

工程曲線について，許容範囲として上方許容限界線と下方許容限界線を示したものである．実施工程曲線が上限を超えると，工程にムリ，ムダが発生しており，下限を超えると，突貫工事を含め工程を見直す必要がある．

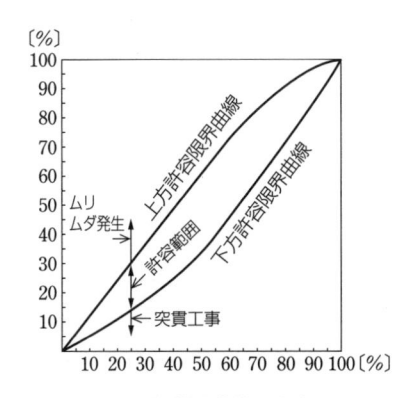

▲ 工程管理曲線工程表

⑥ ネットワーク式工程表

　各作業の開始点（イベント○）と終点（イベント○）を矢線→で結び，矢線の上に作業名，下に作業日数を書き入れたものをアクティビティという．ネットワーク式工程表は全作業のアクティビティを連続的にネットワークとして表示したものである．作業進度と作業間の関連も明確となる．

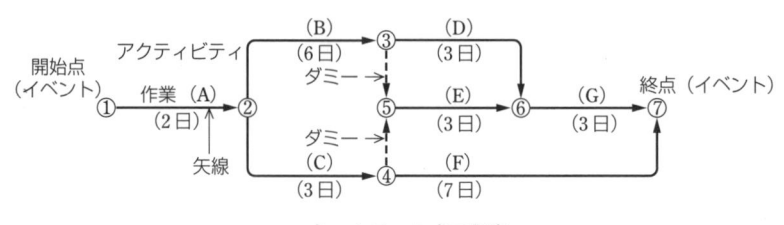

▲ ネットワーク式工程表

⑦ 各種工程図表の比較

項　目	ガントチャート	バーチャート	曲線・斜線式	ネットワーク式
作業の手順	不明	漠然	不明	判明
作業に必要な日数	不明	判明	不明	判明
作業進行の度合い	判明	漠然	判明	判明
工期に影響する作業	不明	不明	不明	判明
図表の作成	容易	容易	やや複雑	複雑
適する工事	短期，単純工事	短期，単純工事	短期，単純工事	長期，大規模工事

ネットワーク式工程表の作成（実際に作成，計算を行う）

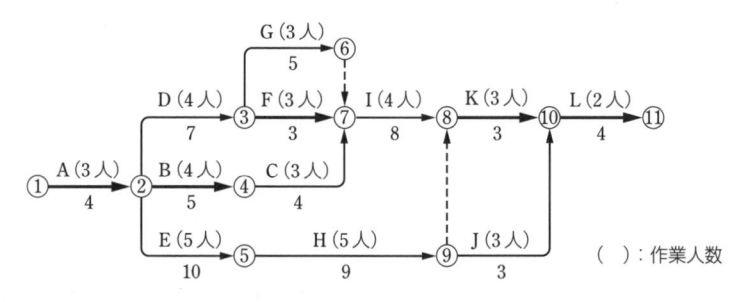

▲ ネットワーク式工程表の作成

（　）：作業人数

① 日程計算

- ダミー：所要時間 0 の擬似作業で，点線で表す．
  > ⑥→⑦および⑨→⑧の点線

- クリティカルパス：作業開始から終了までの経路の中で，所要日数が最も長い経路である（トータルフロートがゼロとなる線を結んだ経路）．
  > ①→②→③→⑥→⑦→⑧→⑩→⑪の経路
  > 日数 4＋7＋5＋8＋3＋4＝31 日

- 最早開始時刻：作業を最も早く開始できる時刻（イベントに到達する最大値）．
  > 例：イベント④における最早開始時刻　4＋5＝9 日

- 最遅開始時刻：作業を遅くとも始めなければならない最後の時刻（ネットワークの最終点から逆算したイベントまでの最小値）．
  > 例：イベント④における最遅開始時刻　31－4－3－8－4＝12 日

- トータルフロート：最早開始時刻と最遅開始時刻の最大の余裕時間．
  > 例：イベント④におけるトータルフロート　12－9＝3 日

- フリーフロート：遅れても他の作業にまったく影響を与えない余裕時間．
  > 例：イベント④におけるフリーフロート　12－9＝3 日

② ネットワーク利用による管理

- 山積図の作成：所要人員，機械，資材の量を工程ごとに積み上げ，山崩しを行い，余裕時間の範囲内で平均化を図り，必要最小限の量を算定する．
  > 下図の場合，ピーク時の作業員が最小となるのは，13人である．

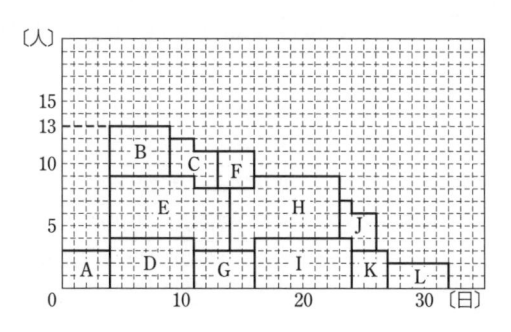

▲ 山積図

8-5 安全管理

■ 労働災害防止の大命題

現場における安全活動（継続して必ず行うことが重要）

現場における安全の確保のために，具体的な安全活動として下記のことを行う．

項　目	内　容
ツールボックスミーティングの実施	作業開始前の話合い
安全点検の実施	工事用設備，機械器具などの点検責任者による点検
作業環境の整備	安全通路の確保，工事用設備の安全化，工法の安全化など
安全講習会，研修会，見学会の実施	外部での講習会，見学会および内部研修
安全掲示板，標識類の整備	ポスター，注意事項の掲示，安全標識類の表示
その他	責任と権限の明確化，安全競争・表彰，安全放送，安全標語など

工事における安全対策（各工種ごとに労働安全衛生規則により規定）

① 車両系建設機械の安全対策（労働安全衛生規則第2編第2章）

条	項　目	内　容
第152条	前照灯の設置	前照灯を備える（照度が保持されている場所を除く）．
第153条	ヘッドガード	岩石の落下等の危険箇所では堅固なヘッドガードを備える．
第157条	転落等の防止	運行経路における路肩の崩壊防止，地盤の不同沈下の防止を図る．
第158条	接触の防止	接触による危険箇所への労働者の立入禁止及び誘導者の配置．
第159条	合図	一定の合図を決め，誘導者に合図を行わせる．
第160条	運転位置から離れる場合	バケット，ジッパー等の作業装置を地上に下ろす． 原動機を止め，走行ブレーキをかける．
第161条	移送	積卸しは平坦な場所，道板は十分な長さ，幅，強度で取り付ける．
第164条	主たる用途以外の使用制限	パワーショベルによる荷のつり上げ，クラムシェルによる労働者の昇降等の主たる用途以外の使用を禁止する．

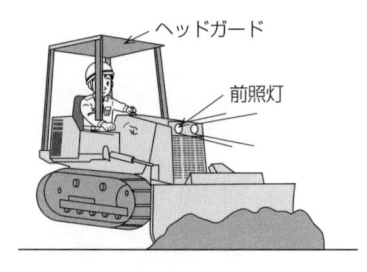

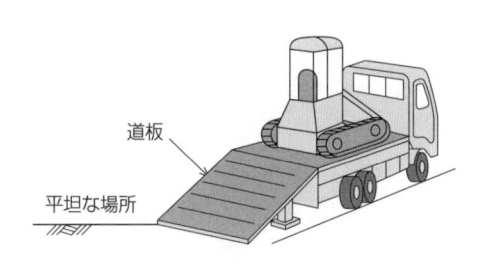

② 掘削工事における安全対策（労働安全衛生規則第2編第6章）

条	項目	内容
第355条	作業箇所の調査	①形状，地質，地層の状態，②き裂，含水，湧水及び凍結の有無，③埋設物等の有無，④高温のガス及び蒸気の有無等を調査する．
第356条 第357条	掘削面のこう配と高さ	地山の種類，高さにより下表の値とする．

地山の区分	掘削面の高さ	こう配
岩盤または堅い粘土からなる地山	5m未満 5m以上	90°以下 75°以下
その他の地山	2m未満 2m以上5m未満 5m以上	90°以下 75°以下 60°以下
砂からなる地山	こう配35°以下または高さ5m未満	
発破などにより崩壊しやすい状態の地山	こう配45°以下または高さ2m未満	

備　考

（a）　岩盤または硬い粘土からなる地山

（b）　その他の地山

③ 土止め支保工における安全対策（労働安全衛生規則第368条以降）

条	項　目	内　容
第371条	部材の取付け等	切ばり及び腹おこしは，脱落を防止するため，矢板，くい等に確実に取り付ける。
		圧縮材の継手は，突合せ継手とする。
		切ばり又は火打ちの接続部及び切ばりと切ばりの交差部は当て板をあて，ボルト締め又は溶接などで堅固なものとする。
		切ばりを建築物で支持する場合，荷重に耐えうるものとする。
第372条	切ばり等の作業	関係者以外の労働者の立入禁止
		材料，器具，工具等を上げ下ろすときはつり網，つり袋等を使用する。
第373条	点検	7日を超えない期間ごと，中震以上の地震の後，大雨等により地山が軟弱化するおそれのあるときには，部材の損傷，変形，部材の接続状況等について点検し，異常を認めたときは直ちに補強，補修する。

	建設工事公衆災害防止対策要綱	
第41	土留工の設置	掘削深さ1.5mを超える場合に設置，4mを超える場合，親杭横矢板工法又は鋼矢板とする。
第46	根入れ深さ	杭の場合は1.5m，鋼矢板の場合は3.0m以上とする。
第48	親杭横矢板工法	土留杭はH-300以上，横矢板最小厚は3cm以上とする。
第50	腹おこし	部材はH-300以上，継手間隔は6.0m以上，垂直間隔は3.0m程度
第51	切ばり	部材はH-300以上，水平間隔は5.0m以下，垂直間隔は3.0m程度

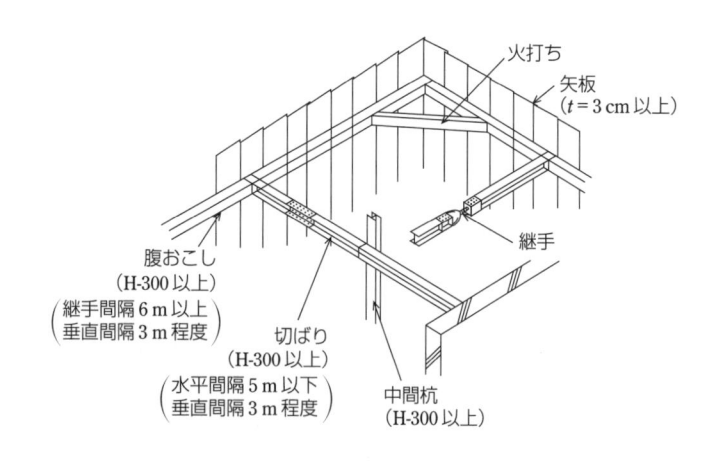

④ 基礎工事における安全対策（労働安全衛生規則第172条以降）
● くい打機，くい抜機の名称と規制

条	項目	内容
第173条	倒壊防止	軟弱な地盤上の場合は，沈下防止のため敷板，敷角等を使用する。
		脚部又は架台が滑動のおそれがある場合は，くい，くさびで固定する。
		バランスウェイトは移動防止のため，架台に着実に固定する。
第174,176条	ワイヤロープ	巻上用ワイヤロープは次のものを使用する。①安全係数6以上，②継目，キンク，形くずれ，腐食のないもの，③ワイヤの素線切断が10%未満のもの，④直径の減少が公称径の7%以下のもの。
第180条	みぞ車の位置	巻胴の軸とみぞ車の軸の距離は巻胴の幅の15倍以上とする。
		巻上装置の巻胴の中心を通り，かつ軸に垂直な面上にあること。

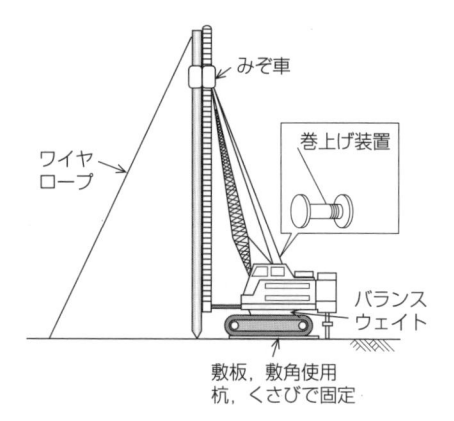

（図：くい打機の構造　みぞ車，巻上げ装置，ワイヤロープ，バランスウェイト，敷板，敷角使用　杭，くさびで固定）

⑤ 足場工における安全対策（労働安全衛生規則第559条以降）
● 足場の種類と壁つなぎの間隔

種類	垂直方向	水平方向	備考
丸太足場	5.5 m以下	7.5 m以下	第569条
単管足場	5.0 m以下	5.5 m以下	第570条
枠組足場（高さ5 m未満除く）	9.0 m以下	8.0 m以下	第571条

■第8章 施工管理

● 鋼管足場（パイプサポート）の名称と規制（単管足場と枠組足場）

条	項目	内容
第570条	鋼管足場	滑動又は沈下防止のためベース金具，敷板等を用い根がらみを設置する．
		鋼管の接続部又は交さ部は付属金具を用いて，確実に接続又は緊結する．
第571条 第1項 第一～四号	（単管足場）	建地の間隔は，桁行方向1.85 m，はり間方向1.5 m以下とする．
		地上第一の布は2 m以下の位置に設ける．
		建地間の積載荷重は，400 kgを限度とする．
		最高部から測って31 mを超える部分の建地は2本組とする．
第571条 第1項 第五～七号	（枠組足場）	最上層及び5層以内ごとに水平材を設ける．
		はり枠及び持送り枠は，水平筋かいにより横ぶれを防止する．
		高さ20 m以上のとき，主枠は高さ2.0 m以下，間隔は1.85 m以下とする．

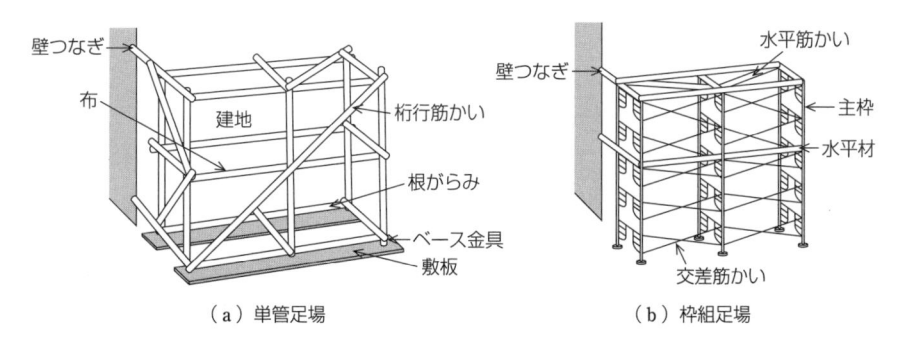

（a）単管足場　　（b）枠組足場

▲ 足　場

● 作業床の名称と規制（足場の高さ2 m以上には，作業床を設ける．）

条	項目	内容
第563条	作業床	幅は40 cm以上，すきまは3 cm以下とする．
		手すりの高さは85 cm以上とする．
		床材は，転位し，脱落しないように2以上の支持物に取り付ける．

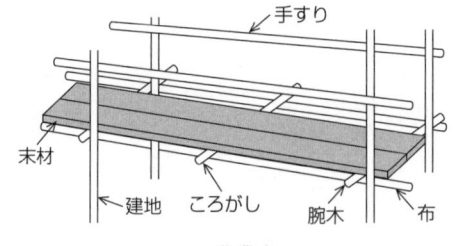

▲ 作業床

⑥ コンクリート工事における安全対策(労働安全衛生規則第237条以降)

● 型枠支保工の名称と規制

条	項目	内容
第240条	組立図	組立図には,支柱,はり,つなぎ,筋かい等の配置,接合方法を明示する.
第242条	型枠支保工	滑動又は沈下防止のため,敷板,敷角等を使用する.
		支柱の継手は,突合せ継手又は差込み継手とする.
		鋼材の接続部又は交さ部はボルト,クランプ等の金具を用いて緊結する.
		パイプサポートを3本以上継いで用いない.
		継いで用いるときは,4つ以上のボルト又は専用金具で継ぐこと.
		高さが3.5 mを超えるとき2 m以内ごとに2方向に水平つなぎを設ける.
第244条	コンクリート打設作業	コンクリート打設作業の開始前に型枠支保工の点検を行う.
		作業中に異常を認めた際には,作業中止のための措置を講じておくこと.

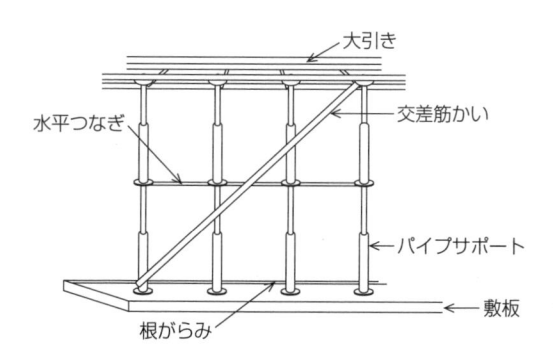

▲ 型枠支保工

⑦ 橋梁工事における安全対策（労働安全衛生規則第517条の6以降）

条	項目	内容
第517条の7	鋼橋架設作業	作業区域内には関係労働者以外の労働者の立入を禁止する．
		悪天候が予想されるときは作業を中止する．
		材料，器具，工具等を上げ下ろすときはつり網，つり袋等を使用する．
		部材，設備の落下，倒壊の危険があるときは，控えの設置，部材又は架設用設備の座屈又は変形防止のための補強材の取付け等の措置を講ずる．
部材組立，ジャッキ操作における安全対策（土木工事安全施工技術指針）		
第14章	鋼橋架設	部材の組立は，桁をつり上げた状態で，ブロックの取付状態及びワイヤロープの力の方向が正常であるか否か等を確認して作業を進める．
		仮締ボルト，ドリフトピンは，空孔のボルトが締め終わるまで抜かない．
		ジャッキを使用するときは，桁両端を同時におろさない．
		多橋脚上で橋桁の降下作業を行うときは，一橋脚ごとにジャッキ操作を行い，他の橋脚は，受架台で支持した状態にしておく．

⑧ トンネル工事における安全対策（労働安全衛生規則第379条以降）

条	項目	内容
第381条	観察，記録	毎日作業前に，地層，地質，湧水，可燃性ガスの有無を観察し記録する．
第382条	点検	トンネル内部の地山，支保工，可燃性ガスについて毎日作業開始前に点検する．
		中震以上の地震の後，発破を行った後に点検する．
第382条の2	濃度の測定	点検時及び可燃性ガスに異常を認めたときには，濃度測定を行う．
第382条の3	自動警報装置	可燃性ガスによる危険がある場合に，自動警報装置を設置し，毎日作業前に点検する．
第389条の8	退避	可燃性ガス濃度が30％を超えたときは，立入禁止及び退避する．
第389条の9	警報設備等	出入口から切羽までの距離が100mに達したとき，サイレン，非常ベル等の警報設備，同じく500mに達したときは，警報設備及び電話等の通話装置を設置する．
第394条	ずい道支保工	脚部には，沈下防止のための皿板等を用いる．
		建込み間隔は1.5m以下とし，つなぎボルト，筋かい等を用いて，強固に連結する．

8-6 品質管理

■ 規格を満足し，工程が安定する

品質管理の手順（PDCAサイクルを回す）

品質管理とは，目的とする機能を得るために，設計・仕様の規格を満足する構造物を最も経済的に作るための，工事のすべての段階における管理体系である．

品質管理の手順は下記のようにPDCAサイクルを回しながら行う．

区分	手順	内容
Plan（計画）	手順1	管理すべき品質特性を決め，その特性について品質標準を定める．
	手順2	品質標準を守るための作業標準（作業の方法）を決める．
Do（実施）	手順3	作業標準に従って施工を実施し，データ採取を行う．
	手順4	作業標準（作業の方法）の周知徹底を図る．
Check（検討）	手順5	ヒストグラムにより，データが品質規格を満足しているかをチェックする．
	手順6	同一データにより，管理図を作成し，工程をチェックする．
Act（処置）	手順7	工程に異常が生じた場合に，原因を追及し，再発防止の処置をとる．
	手順8	期間経過に伴い，最新のデータにより，手順5以下を繰り返す．

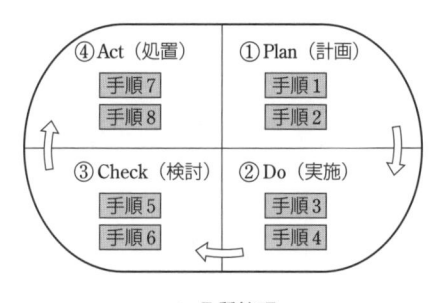

▲ 品質管理

品質特性の選定（管理の対象項目を決める）

- **品質特性の選定条件**：すぐ結果が得られる／最終の品質に重要な影響を及ぼす／品質特性と最終の品質との関係が明らかである／工程の初期に容易に測定が行える特性である／工程に対し容易に処置がとれる
- **品質標準の決定**：実現しようとする品質の目標／余裕をもった品質の目標／施工の過程における試行錯誤による標準の改訂
- **作業標準（作業方法）の決定**：過去の実績，経験および実験結果を踏まえる／

最終工程までを見越せる管理／異常発生時でも安定した工程を確保できる作業の手順，手法の決定／標準の明文化および今後のための技術の蓄積

ヒストグラム

ヒストグラムとは，測定データのばらつき状態をグラフ化したもので，分布状況により規格値に対しての品質の良否を判断する．

ヒストグラムの作成は次の手順で行う．

データを多く集める（50〜100個以上）	→
全データの中から最大値（x_{max}），最小値（x_{min}）を求める	→
全体の上限と下限の範囲（$R = x_{max} - x_{min}$）を求める	→
データ分類のためのクラスの幅を決める	→
x_{max}，x_{min}を含むようにクラスの数を決め，全データを割り振り，度数分布表を作成する	→
横軸に品質特性，縦軸に度数をとり，ヒストグラムを作成する	

- ヒストグラムの見方：安定した工程で正常に発生するばらつきをグラフにして，左右対称の山形のなめらかな曲線を正規分布曲線といい，ゆとりの状態，平均値の位置，分布形状で品質規格の判断をする．

クラス	代表値	x_1	x_2	x_3	x_4	x_5	合計
18.5〜20.5	19.5				/		2
20.5〜22.5	21.5				/		2
22.5〜24.5	23.5		丗 /	////	///		14
24.5〜26.5	25.5	///		////			10
26.5〜28.5	27.5	////	/	/		////	11
28.5〜30.5	29.5	/	/		//		5
30.5〜32.5	31.5	/					1
						計	45

(a) 度数分布表　　　　　　　(b) ヒストグラム

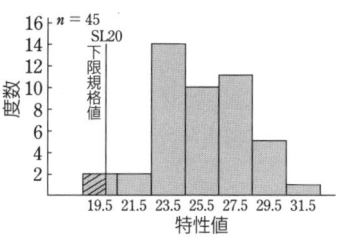

▲ ヒストグラム

- 工程能力図：品質の時間的変化の過程をグラフ化したもので，横軸にサンプル番号，縦軸に特性値をプロットし，上限規格値，下限規格値を示す線を引くことにより，規格外れの率および点の並べ方を調べる．

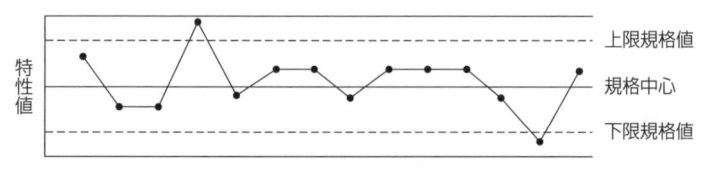

▲ 工程能力図

管理図

　管理図の目的は，品質の時間的な変動を加味し，工程の安定状態を判定し，工程自体を管理することであり，ばらつきの限界を示す上下の管理限界線（UCL, LCL）を示し，工程に異常原因によるばらつきが生じたかどうかを判定する．

　管理図の種類としては，$\bar{x}$-R 管理図と x-R_s-R_m 管理図があり，x および R が管理限界線内であり，特別な片寄りがなければ工程は安定している．そうでない場合は原因を調査し，除去し，再発を防ぐ．

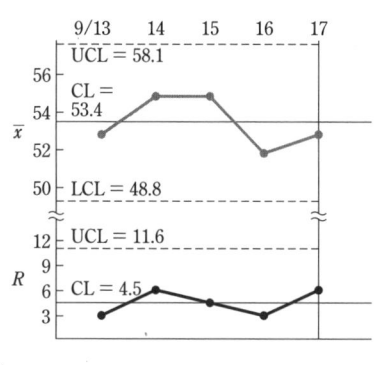

▲ $\bar{x}$-R 管理図の例

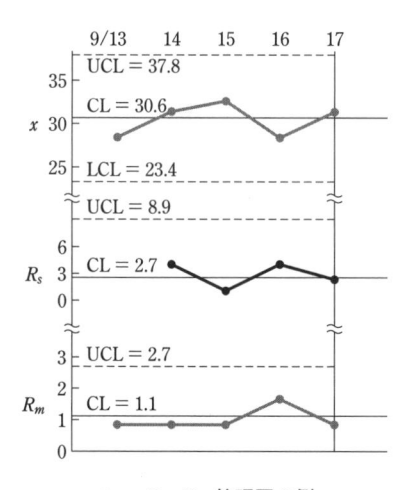

▲ x-R_s-R_m 管理図の例

コンクリート工の品質管理（品質特性と試験方法）

● 品質特性

区分	品質特性	試験方法	区分	品質特性	試験方法
骨材	粒度	ふるい分け試験	コンクリート	スランプ	スランプ試験
	すり減り量	すり減り試験		空気量	空気量試験
	表面水量	表面水率試験		単位容積質量	単位容積質量試験
	密度・吸水率	密度・吸水率試験		混合割合	洗い分析試験
				圧縮強度	圧縮強度試験
				曲げ強度	曲げ強度試験

● レディミクストコンクリートの品質

強度	1回の試験結果は，呼び強度の強度値の85%以上で，かつ3回の試験結果の平均値は，呼び強度の強度値以上とする．				
スランプ〔cm〕	スランプ	2.5	5および6.5	8～18	21
	スランプの誤差	±1	±1.5	±2.5	±1.5
空気量〔%〕	普通コンクリート	4.5	空気量の許容差は，すべて±1.5とする．		
	軽量コンクリート	5.0			
	舗装コンクリート	4.5			
塩化物含有量	塩化物イオン量として 0.30 kg/m^3 以下（承認を受けた場合は 0.60 kg/m^3 以下）				

土工の品質管理（品質特性と試験方法）

● 品質特性

区分	品質特性	試験方法	区分	品質特性	試験方法
材料	粒度	粒度試験	施工現場	締固め度	土の密度試験
	液性限界	液性限界試験		施工含水比	含水比試験
	塑性限界	塑性限界試験		CBR	現場CBR試験
	自然含水比	含水比試験		支持力値	平板載荷試験
	最大乾燥密度・最適含水比	突固めによる土の締固め試験		貫入指数	貫入試験

● **盛土の品質管理**：盛土の締固めに使用する締固め機械，締固め回数などの工法を規定する工程規定方式と，工法は施工者に任せ，乾燥密度，含水比，土の強度などについて要求される品質を明示する品質規定方式がある．

道路工の品質管理（品質特性と試験方法）

● 路盤工の品質特性

区 分	品質特性	試験方法	区 分	品質特性	試験方法
材 料	粒度	ふるい分け試験	施工	締固め度	土の密度試験
	塑性指数（PI）	塑性試験		支持力	平板載荷試験, CBR試験
	含水比	含水比試験			
	最大乾燥密度・最適含水比	突固めによる土の締固め試験			
	CBR	CBR試験			

● アスファルト舗装の品質特性

区 分	品質特性	試験方法	区 分	品質特性	試験方法
材 料	針入度	針入度試験	施工現場	安定度	マーシャル安定度試験
	すり減り減量	すり減り試験		敷均し温度	温度測定
	軟石量	軟石量試験		厚さ	コア採取による測定
	伸度	伸度試験		混合割合	コア採取による試験
	粒度	粒度試験		密度（締固め度）	密度試験
プラント	混合温度	温度測定		平坦性	平坦性試験
	アスファルト量・合成粒度	アスファルト抽出試験			

国際規格 ISO（国際標準化機構）

① ISO9000 シリーズ（品質マネジメントシステム）
- ISO9000：品質マネジメントシステムで使用される用語を定義したもの．
- ISO9001：品質マネジメントシステムの要求事項を規定したもの．
- ISO9004：品質マネジメントシステムの有効性を考慮した目標の手引き．

② ISO14000 シリーズ（環境マネジメントシステム）
環境に配慮した事業活動を行うための基準を規格化したもの．

③ OHSAS18001（労働安全衛生マネジメントシステム）
労働現場の安全衛生に対応する際に求められる要求事項を規定したもの．

8-7 環境管理

■ 現場の環境保全と資源の再生

騒音・振動防止対策

① 防止対策の基本
対策は発生源において実施しなければならない．

騒音・振動は発生源から離れるほど低減され，影響の大きさは，発生源そのものの大きさ以外にも，発生時間帯，発生時間および連続性などに左右される．

② 騒音・振動の測定・調査
影響が最も大きいと思われる地点を選んで実施する．また，騒音・振動は周辺状況，季節，天候などの影響により変動するので，測定は平均的な状況を示すときに行うとともに，施工前と施工中との比較を行うため，日常発生している，暗騒音，暗振動を事前に調査し把握する必要がある．

③ 施工における騒音・振動防止対策
- **施工計画**：作業時間は，できるだけ短時間で昼間工事とする／騒音・振動の発生量は施工方法や使用機械に左右されるので，できるだけ低騒音・低振動の施工方法，機械を選択する／騒音・振動の発生源は，居住地から遠ざけ，距離による低減を図る／工事による影響を確認するために，施工中や施工後においても周辺の状況を把握し，対策を行う．
- **低減対策**：高力ボルトの締付けは，油圧式・電動式レンチを用いると，インパクトレンチより騒音は低減できる／車両系建設機械は，大型，新式，回転数小のものがより騒音を低減できる

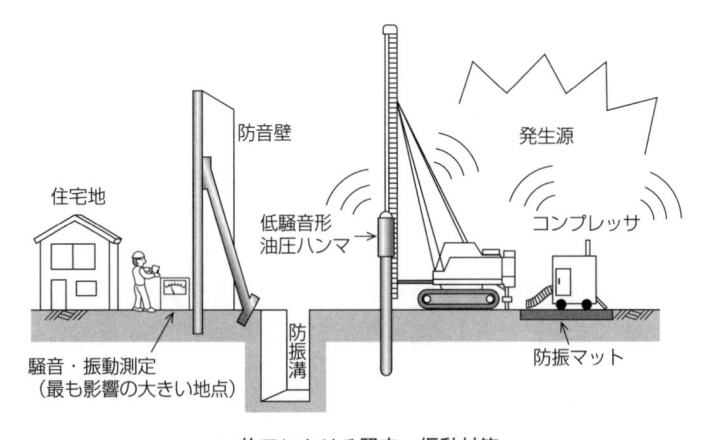

▲ 施工における騒音・振動対策

基礎杭打設における騒音・振動防止対策（低公害対策の促進）

① 埋込み杭の低公害対策
- **プレボーリング工法**：低公害工法であるが，最終作業としてハンマによる打込みがあるため騒音規制法は除外されるが，振動規制法の指定は受ける．
- **中堀工法**：低公害工法であり，大口径・既製杭に多く利用される．
- **ジェット工法**：砂地盤に多く利用され，送水パイプの取付け方によっては，騒音が発生する．

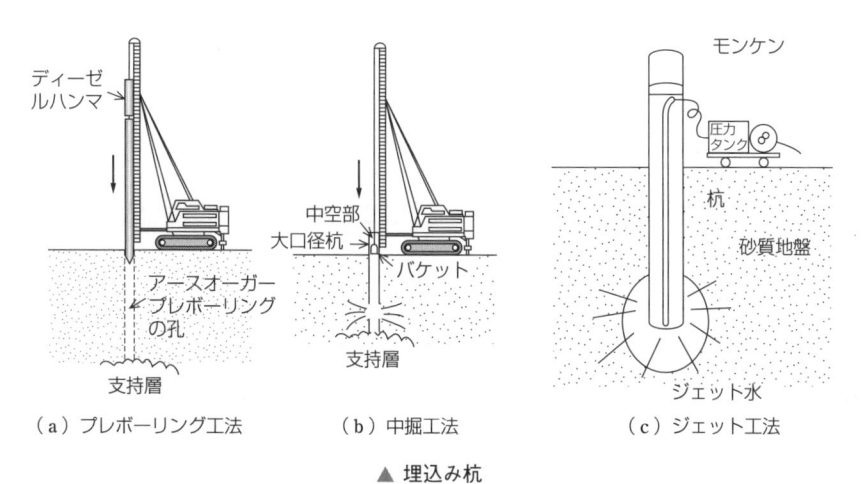

（a）プレボーリング工法　　（b）中堀工法　　（c）ジェット工法

▲ 埋込み杭

② 打設杭の低公害対策
- **バイブロハンマ**：騒音・振動共に発生するが，ディーゼルパイルハンマに比べ影響は小さい．
- **ディーゼルパイルハンマ**：全付カバー方式とすれば，騒音は低減できる．
- **油圧ハンマ**：低公害型として，近年多く用いられる．

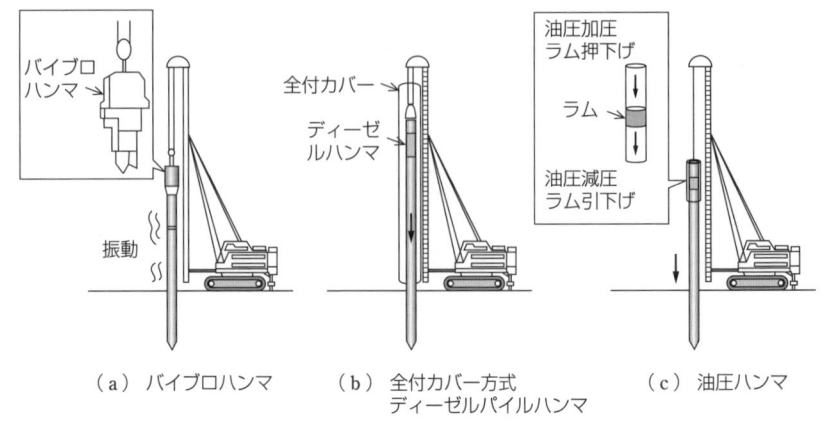

(a) バイブロハンマ
(b) 全付カバー方式 ディーゼルパイルハンマ
(c) 油圧ハンマ

▲ 打設杭

建設副産物の再利用および処分（再生資源として利用または廃棄物として処分）

- 建設指定副産物：建設工事に伴って副次的に発生する物品で，再生資源として利用可能なものとして，**建設発生土，コンクリート塊，アスファルト・コンクリート塊，建設発生木材**の四種が指定されている．
- 再生資源利用計画および再生資源利用促進計画

	再生資源利用計画	再生資源利用促進計画
計画作成工事	次の一つに該当する建設資材を**搬入**する建設工事 1. 土砂 …………体積 1 000 m³ 以上 2. 砕石 …………重量 500 t 以上 3. 加熱アスファルト混合物 　　　　…………重量 200 t 以上	次の一つに該当する指定副産物を**搬出**する建設工事 1. 建設発生土 …………体積 1 000 m³ 以上 2. コンクリート塊，アスファルト・コンクリート塊，建設発生木材 　　　　…………合計重量 200 t 以上
保存	当該工事完成後 1 年間	当該工事完成後 1 年間

- 廃棄物の種類

種　類	内　容
一般廃棄物	産業廃棄物以外の廃棄物
産業廃棄物	事業活動に伴って生じた廃棄物のうち法令で定められた 20 種類のもの（燃え殻，汚泥，廃油，廃酸，廃アルカリ，紙くず，木くずなど）
特別管理一般（産業）廃棄物	爆発性，感染性，毒性，有害性があるもの

産業廃棄物管理票（マニフェスト）

「廃棄物の処理及び清掃に関する法律（廃棄物処理法）」第12条の3により，産業廃棄物管理票（マニフェスト）の規定が示されている．
- 排出事業者（元請人）が，廃棄物の種類ごとに収集運搬および処理を行う受託者に交付する．
- マニフェストには，種類，数量，処理内容などの必要事項を記載する．
- 収集運搬業者はA票を，処理業者はD票を事業者に返送する．
- 排出事業者は，マニフェストに関する報告を都道府県知事に，年1回提出する．
- マニフェストの写しを送付された事業者，収集運搬業者，処理業者は，この写しを5年間保存する．

※マニフェストは1冊が7枚綴りの複写で，A，B1，B2，C1，C2，D，Eの用紙が綴じ込まれている．

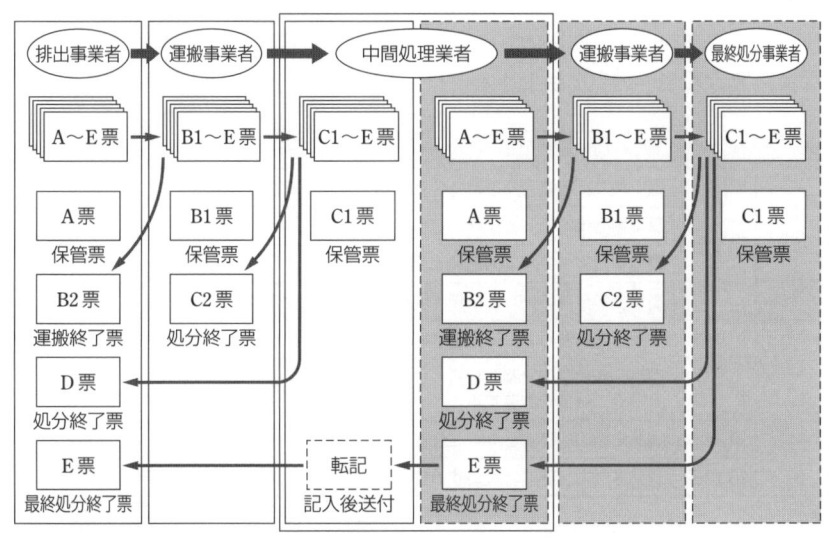

▲ マニフェスト

建設リサイクル法（建設工事に係る資材の再資源化等に関する法律）

建設リサイクル法の基本方針は，建設工事から搬出された建設発生土などの再生資源を建設資材として利用することおよび建設工事から発生する建設指定副産物を他の工事で利用しやすくすることである．
- **分別解体**：構造物の付属物→構造物本体→基礎の順に解体し，資材の種類ごと

- **再資源化**：建設廃棄物が資材または原材料として利用可能とすることおよび燃焼用あるいは熱を得られる状態にすること．
- **分別解体**および**再資源化**などの**義務**：対象建設工事の発注者または自主施工者は，工事着手の 7 日前までに，建築物などの構造，工事着手時期，分別解体などの計画について，都道府県知事に届け出なくてはならない．
- 対象建設工事の規模の基準は下表のとおりである．

建築物の解体	床面積 80 m² 以上
建築物の新築	床面積 500 m² 以上
建築物の修繕・模様替え	工事費 1 億円以上
その他の工作物（土木工作物など）	工事費 500 万円以上

グリーン購入法（国等による環境物品等の調達の推進等に関する法律）

グリーン購入とは，製品やサービスを購入する際に，環境を考慮して，必要性をよく考え，環境への負荷ができるだけ少ないものを選んで購入することである．

項目	条	内容
目的	第 1 条	国，独立行政法人及び地方公共団体による環境物品等の調達の推進
		環境物品等に関する情報の提供
		環境物品等への需要の転換の促進
		環境への負荷の少ない持続的発展が可能な社会の構築
内容	第 5 条	国民の責務として，物品購入等に際し，できるかぎり，環境物品等を選択する．
	第 7 条	国等の各機関の責務として，毎年度「調達方針」を作成・公表し，調達方針に基づき，調達を推進する．
	第 8 条	調達実績の取りまとめ・公表をする．
	第 12 条	製品メーカー等は，製造する物品等について，適切な環境情報を提供する．

8-8 建設機械

■ 土木工事を演出する

土工工事用建設機械の種類と特徴（掘削→積込み→運搬→締固め）

① 掘削機械の種類と特徴
- バックホウ：バケットを手前に引く動作／地盤より低い掘削／強い掘削力．
- ショベル：バケットを前方に押す動作／地盤より高いところの掘削．
- クラムシェル：バケットを垂直下方に降ろす／深い基礎掘削．
- ドラグライン：バケットを落下，ロープで引寄せる／広い浅い掘削．

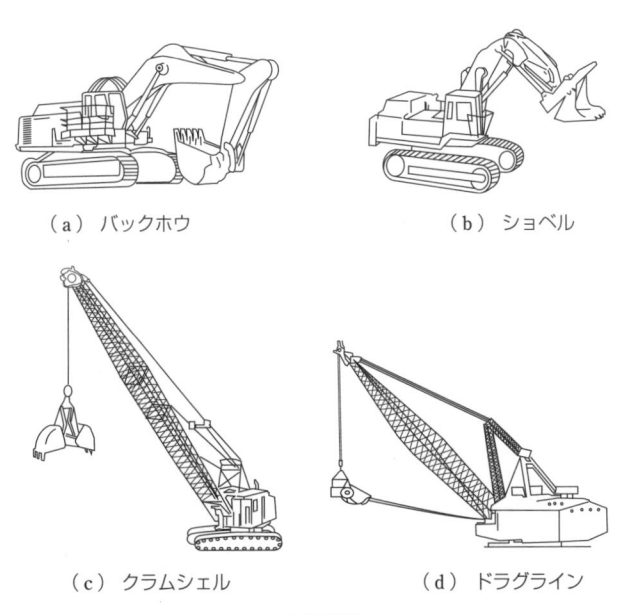

（a）バックホウ　　　　　　（b）ショベル

（c）クラムシェル　　　　　（d）ドラグライン

▲ 掘削機械

② 積込み機械の種類と特徴
- クローラ（履帯）式トラクタショベル：履帯式トラクタにバケット装着／履帯接地長が長く軟弱地盤の走行に適する／掘削力は劣る
- ホイール（車輪）式トラクタショベル：車輪式トラクタにバケット装着／走行性がよく機動性に富む

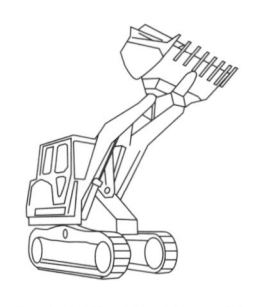

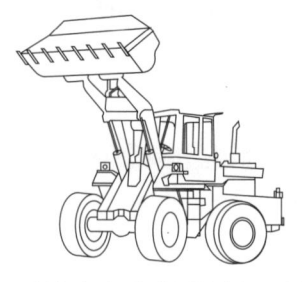

(a) クローラ式トラクタショベル　　(b) ホイール式トラクタショベル

▲ 積込み機械

③ 運搬機械（ダンプトラック）の種類と特徴
- 普通ダンプトラック：最大総質量 20 t 以下／一般道路走行可
- 重ダンプトラック：最大総質量 20 t 超／普通条件での一般道路走行不可

(a) 普通ダンプトラック　　(b) 重ダンプトラック

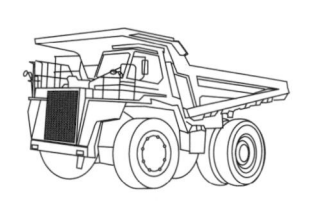

▲ 運搬機械（ダンプトラック）

④ 運搬機械（ブルドーザ）の種類と特徴（掘削作業も兼ねる）
- ストレートドーザ：固定式土工板／重掘削作業に適する．
- アングルドーザ：土工板の角度が 25°前後に可変／重掘削には不適．
- チルトドーザ：土工板の左右の高さが可変／溝掘り，硬い土に適する．
- U ドーザ：土工板が U 形／押し土の効率が良い．
- レーキドーザ：土工板の変わりにレーキ取付け／抜根，岩石掘起こし用．
- リッパドーザ：リッパ（爪）をトラック後方に取付け／軟岩掘削用．
- スクレープドーザ：スクレーパ装置を組込み／前後進，狭い場所の作業．

8-8 建設機械

(a) ストレートドーザ
角度が一定

(b) アングルドーザ
角度を変える

(c) Uドーザ
U型で土をこぼさない

(d) レーキドーザ
レーキ取付け

▲ 運搬機械（ブルドーザ）

⑤ **締固め機械の種類と特徴**（4-2 節参照）
- ロードローラ：静的圧力による締固め／路床，路盤の締固めや盛土面の仕上げに適している／高含水比の粘性土，均一な粒径の砂質土には適さない．
- タイヤローラ：空気圧の調節により各種土質に対応可能／接地圧を高くすると砕石の締固めに，低くすると粘性土の締固めに適する．
- 振動ローラ：振動による締固め／粘性に乏しい砂利，砂質土に適する．
- タンピングローラ：突起（フート）による締固め．かたい粘土に適する．
- 振動コンパクタ：起振機を平板上に取り付ける．狭い場所に適する．
- ランマおよびタンパ：機械のはね上げ，落下による衝撃により締め固める．

(a) 振動コンパクタ

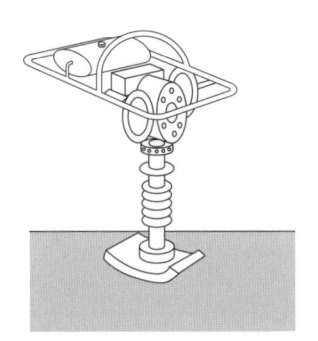

(b) ランマ

▲ 締固め機械

既製杭打設機械の種類と特徴（低騒音・低振動工法の普及）

- ドロップハンマ：昔からの工法で，錘をウィンチにより引き上げ，自由落下による打撃で打ち込む．騒音，振動の影響が大きく近年の利用は少ない．
- ディーゼルハンマ：上下するラムの落下による空気の圧縮と爆発の繰返しにより打ち込む．全付きカバー方式とすれば低騒音となる．
- バイブロハンマ：モータの回転による上下の振動を与え打ち込む．ディーゼル

ハンマに比べ騒音，振動の影響は少ない．
- 油圧ハンマ：油圧によりラムを上昇させ，自由落下により打撃を与える．低公害型として近年利用が多くなっている．

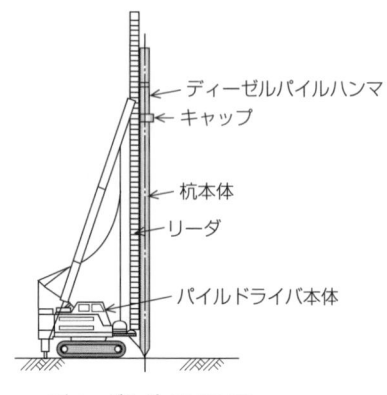

▲ 既製杭打設機械

クレーンの種類と特徴（移動式と固定式）

- トラッククレーン：移動式クレーンの代表でトラックにクレーン設備を取り付けたもの．
- ホイールクレーン：運転室に走行用とクレーン操作装置が備えられており，荷物を吊ったまま走行ができる．
- クローラクレーン：履帯式であり不整地や軟弱地盤での作業性，走行性が良い．公道上の自走はできない．
- ケーブルクレーン：両端のタワーの間にかけ渡したワイヤロープを軌道として上下，水平方向に移動する．
- ジブクレーン：角度を変えられるジブ（ブーム）を腕として，先端から荷を吊るす．固定式と走行式がある．

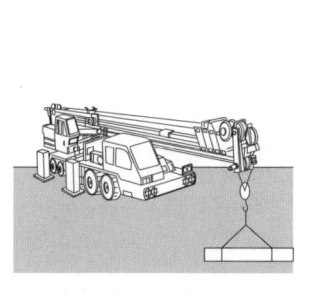

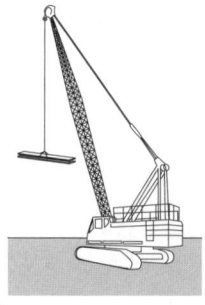

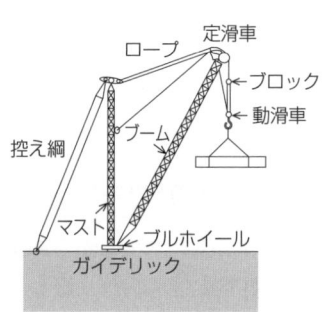

（a）トラッククレーン　（b）クローラクレーン　（c）デリッククレーン

▲ クレーン

- タワークレーン：ポスト（タワー）の上にクレーンを取り付けて，高所での吊上げ作業を行う．施工高さに応じてタワーを継ぎ足し自力で昇降ができるため，高層建築で多く使われる．
- デリッククレーン：マストの根元から斜めにブームを出し，ワイヤロープで吊った荷をウィンチで巻き上げる．

コンクリート用工事機械の種類と特徴（生コンクリートは時間が勝負）

- コンクリートプラント：セメント，水，砂，砂利および混和剤などを所定の配合で練り混ぜ，コンクリートを製造する．
- トラックアジテータ（ミキサー車）：アジテータ（回転装置）を載せたコンクリート運搬用のトラックで，プラントで生産された生コンクリートを走行中に撹拌しながら運搬し，1.5 時間以内に現場で荷卸ししなければならない．
- コンクリートポンプ車：生コンクリートをトラックアジテータから直接受けて，パイプにより打込み場所へ輸送する．

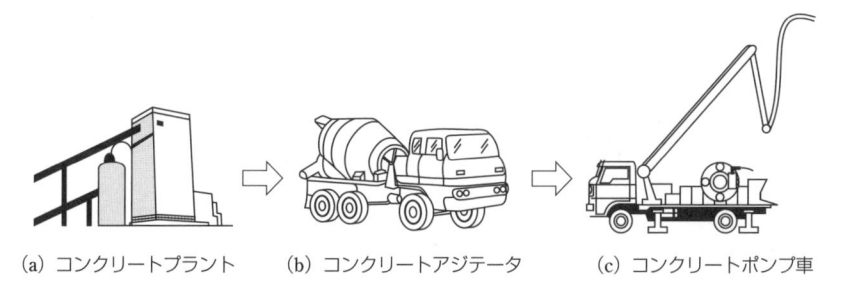

(a) コンクリートプラント　(b) コンクリートアジテータ　(c) コンクリートポンプ車

▲ コンクリート用工事機械

その他の機械（街でよく見かける機械）

- アスファルトフィニッシャ：アスファルト舗装工事において，アスファルト混合物の敷均し，締固めおよび仕上げを行う．
- ロードスイーパー：道路上の塵埃をゆっくり走行しながら清掃し，車両内に収集する機械である．清掃装置としてブラシ式と真空吸込み式がある．

▲ アスファルトフィニッシャ

第8章 施工管理

土木豆辞典

■ あれっ？ 似ているな〜
（動物などの形から名がついた土木で使われる機械や道具）

アサガオ：①構造物を施工する際に，材料などの落下を防止するために，足場から斜め上側に突き出すように作るひさし状のもの．②コンクリート打設時に使用する鉄製のホッパー

ウシ：河川工事の根固め水制に使用する，丸太などで牛の形に枠組みをしたもの．形状により聖牛，菱牛などと呼ぶ．

ウマ：長ものなどを簡単に持ち運びができるように組み立てられた台をいい，馬の形に似ていることから名が付いた．

キリン：ジャッキの一種で，らせん装置状になった，重量物を持ち上げるためのもの．らせんが伸び首が長くなることから名付けられた．

タコ：太い丸太を胴切りにして，取っ手を付けたもので，人力により土を突き固める器具（逆さにすると蛸に似ている）．

トンボ：土工における，切取り高，盛土高，掘削高などを表示するために，現場に立てるT字形の目印（運動場を整地する道具もとんぼという．いずれもトンボの形からきた言葉）．

ネコ（車）：土砂，骨材，コンクリートを小運搬するための二輪車または一輪車（説①：伏せると猫が丸まっているように見える．説②：押している人の背中が猫背になる．説③：コンクリート打設に使うねこ足場で使う．説④：昔，子供たちが猫の後足を持って前足で歩かせる遊びをやっていた．等々諸説があるが，どれが正しいかはわからない）．

アサガオ

ウシ

ウマ

キリン

タコ

トンボ

ネコ

第9章

法規・法律

土木技術者の法令遵守

9-1 建設業法

■ 建設業のバイブル

総則（建設業を営む者の大命題）

- 目的：建設業法では，「公共の福祉の増進に寄与すること」を大命題として，下記の目的が定められている．
  ① 建設業を営む者の資質の向上
  ② 請負契約の適正化
  ③ 建設工事の適正な施工の確保
  ④ 発注者の保護
  ⑤ 建設業の健全な発達の促進
- 建設工事と業種：建設工事には，下記の 28 種類の工事種類とこれに対応する業種があり，業種別に許可が必要となる．

土木一式工事	建築一式工事	大工工事	左官工事	とび・土工・コンクリート工事	
石工事	屋根工事	電気工事	管工事	タイル・れんが・ブロック工事	
鋼構造物工事	鉄筋工事	舗装工事	しゅんせつ工事	板金工事	ガラス工事
塗装工事	防水工事	内装仕上工事	機械器具設置工事	熱絶縁工事	電気通信工事
造園工事	さく井工事	建具工事	水道施設工事	消防施設工事	清掃施設工事

建設業の許可（5 年毎に更新が必要）

- 国土交通大臣許可：二つ以上の都道府県に営業所を設けて営業する場合．
- 都道府県知事許可：一つの都道府県のみに営業所を設けて営業する場合．
- 適用除外：請負金額 1 500 万円未満の建築工事／延べ面積 150 m² 未満の木造住宅工事／500 万円未満の建設工事
- 特定建設業許可と一般建設業許可

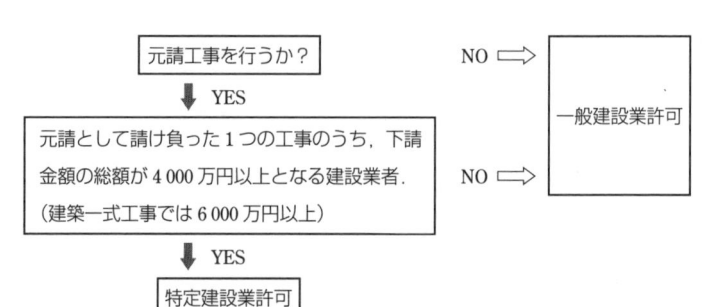

```
元請工事を行うか？ ──NO──▶ 一般建設業許可
      │YES
      ▼
元請として請け負った 1 つの工事のうち，下請
金額の総額が 4 000 万円以上となる建設業者． ──NO──▶
（建築一式工事では 6 000 万円以上）
      │YES
      ▼
  特定建設業許可
```

- 指定建設業：特に7業種（土木一式，建築一式，鋼構造物，舗装，電気，造園，管）については，総合的な施工技術を要する業種とされ，専任技術者は1級国家資格者・技術士法の技術士に限られ，さらに厳しい要件が求められる．

請負契約（対等な立場における合意に基づく）

建設工事の請負契約の当事者は，対等な立場における合意に基いて下記項目について公正な契約を締結し，信義に従って誠実に履行しなければならない．

契約内容	工事内容／請負代金の額／工期／支払の時期および方法／各種変更の取扱い／各種損害の負担に関する取扱い
現場代理人の選任規定	現場代理人や監督員の選任などの通知およびそれぞれの権限と意見の申出方法について相手方に通知する．
契約の保証	前払金の規定がある場合は保証人を立てることを請求できる．
一括下請負の禁止	元請負人があらかじめ発注者の書面による承諾を得た場合は適用しない．

施工技術の確保（技術者の設置義務と講習）

建設業者は，施工技術の確保のために下記について技術者の設置および講習などを行わなければならない．

主任技術者	建設工事を施工する建設業者は，施工技術の管理を担当する一定の資格や実務経験を有する主任技術者を置く（主任技術者は現場代理人を兼ねられる）．
監理技術者	元請となる特定建設業者が4 000万円（建築一式工事は6 000万円）以上を下請施工させる場合は，主任技術者に代えて監理技術者を置く．
専任の技術者	公共性のある重要な工事で，工事一件の請負代金が3 500万円（建築一式工事は7 000万円）以上の場合は主任技術者または監理技術者は現場ごとに専任とする．
監理技術者資格者証	公共工事において専任が必要とされる監理技術者は，監理技術者資格者証の交付を受けた者（かつ，国土交通大臣の登録を受けた講習を受講した者）で，5年毎の更新とする．
主任技術者，監理技術者の職務	建設工事の施工計画の作成，工程管理，品質管理，その他の技術上の管理および施工従事者の技術上の指導監督を行う．
技術検定	建設機械施工／土木施工管理／建築施工管理／電気工事施工管理／管工事施工管理／造園施工管理

9-2 契約関係法令

■ 公共工事のバイブル

公共工事の入札及び契約の適正化の促進に関する法律（国，地方公共団体，特殊法人に適用される）

　この法律は，国，地方公共団体，特殊法人が行う公共工事の入札および契約について，その適正化の基本となるべき下記の事項について定めたものである．

条	項 目	内 容
第3条	基本事項	入札及び契約に関して透明性が確保される．／公正な競争が促進される．／談合その他の不正行為が排除される．／公共工事の適正な施工が確保される．
第4条～第7条	情報の公表	毎年度，公共工事の発注見通しに関する事項を公表する．／入札及び契約の過程，内容に関する事項を公表する．
第10条，第11条	違法行為の事実の通知	入札談合等の事実がある時には公正取引委員会へ通知する．／建設業法違反の事実がある時には国土交通大臣又は都道府県知事へ通知する．
第12条	一括下請負の禁止	公共工事については建設業法第22条第3項の規定（発注者の承諾を得た場合の例外規定）は，適用しない．
第13条，第14条	施工体制台帳の提出	作成した施工体制台帳の写しを発注者に提出する．／工事現場での施工体制との合致の点検及び措置を講じる．
第15条～第18条	適正化指針	国は適正化指針を定めるとともに必要な措置を講じる．
第19条	情報の収集，整理及び提供等	国は情報の収集，整理及び提供に努める．／関係職員及び建設業者に対し知識の普及に努める．

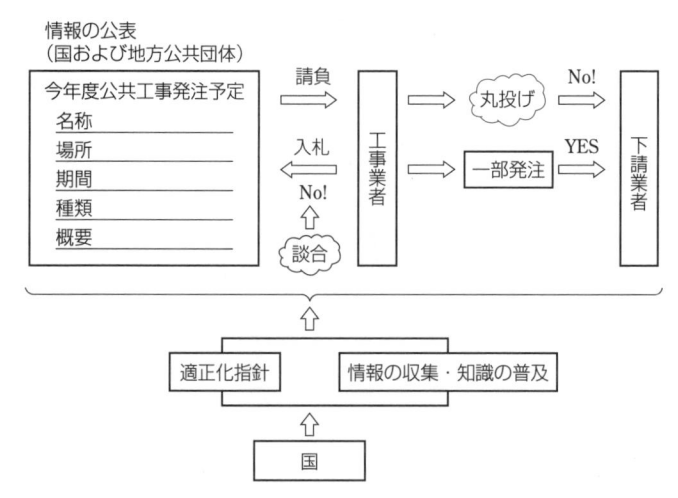

▲ 公共工事の入札および契約の適正化

公共工事標準請負契約約款（契約は発注者，請負者が対等な立場で行う）

発注者と請負者は契約書に基き，設計図書に従い契約を履行する．

条	項目	内容
第4条	契約の保証	契約保証金の納付あるいは保証金に代わる担保の提供
第6条	一括下請負の禁止	第三者への一括委任又は一括下請負の禁止
第8条	特許権等の使用	特許権，実用新案権，意匠権，商標権等の使用に関する責任
第9条	監督職員	発注者から請負者へ監督職員の通知及び監督職員の権限
第10条	現場代理人及び主任技術者	現場代理人，主任技術者等は兼ねることができる
第11条	履行報告	請負者から発注者へ契約の履行についての報告
第13条	工事材料の品質及び検査等	品質が明示されない材料は中等の品質のものとする
第17条	設計図書不適合の場合の改造義務及び破壊検査等	工事が設計図書と不適合の場合の改造義務及び発注者側の責任の場合の発注者側の費用負担の義務
第18条	条件変更等	図面・仕様書・現場説明書の不一致，設計図書の不備・不明確，施工条件と現場との不一致の場合の確認請求
第19条	設計図書の変更	設計図書の変更の際の工期あるいは請負金額の変更及び補償
第27条	一般的損害	引渡し前の損害は，発注者側の責任を除き請負者の負担．
第28条	第三者に及ぼした損害	施工中における第三者に対する損害は，発注者側の責任を除いて請負者の負担とする．
第29条	不可抗力による損害	請負者は，引渡し前に天災等による不可抗力による生じた損害は，発注者に通知し，費用の負担を請求できる．
第31条	検査及び引渡し	発注者は，工事完了通知後14日以内に完了検査を行う．
第44条	かし担保	発注者は請負者に，かしの修補及び損害賠償の請求ができる．

約款の主な設計図書は下記のとおりである．

設計図書	内容
契約書	工事名／工事場所／工期／請負代金額／契約保証金／発注者，請負者の記名押印
仕様書	共通仕様書／特別仕様書
設計図	一般平面図／縦横断図／構造図／配筋図／施工計画図／仮設図など
現場説明書	工事範囲／工事期間／工事内容／施工計画／提出書類／質疑応答
質問回答書	現場説明書の質問に対する回答書

9-3 労働基準法

■ 労働者のバイブル

労働基準法は，社会的，経済的に弱い立場にある労働者を保護し，使用者と対等の立場におくための法律である．

労働条件（労働者と使用者が対等な立場で決定する）

条	項 目	内 容
第1条	労働条件の原則	人たるに値する生活の確保／労働条件向上の努力
第2条	労働条件の決定	労働者と使用者は対等な立場／労働協約・就業規則の遵守
第3条	均等待遇	国籍，信条等による賃金，労働時間及び労働条件の差別の禁止
第4条	同一賃金の原則	賃金における男女差別の禁止
第5条	強制労働の禁止	暴行，脅迫，監禁等による強制労働の禁止
第6条	中間搾取の排除	他人の就業に介入しての利益収得の禁止
第7条	公民権行使の保障	労働時間中における選挙等の公民権行使の保障（時間の変更は可）
第15条	労働条件の明示（規則第5条）	労働契約期間／就業場所，従事すべき業務／始業，終業時刻，休憩時間，休日，休暇／賃金の決定，計算支払方法／退職に関する事項

労働者の解雇（30日前に予告する）

条	項 目	内 容
労働契約法第16条	解雇	合理的理由がない場合は，解雇は無効
第19条	解雇制限	業務上の負傷，疾病による療養休業期間及びその後30日間／産前産後の休業期間及びその後30日間は解雇できない
第20条	解雇の予告	30日前に予告しない場合は，30日分以上の平均賃金を支払う．
第21条	解雇の予告（適用除外）	日日の雇入れ／2か月以内期間限定／季節業務4か月以内期間限定／試の使用期間中

賃金（支払い五原則を守る）

条	項 目	内 容
第24条	賃金の支払い	通貨で／直接労働者に／その全額を／毎月1回以上／一定の期日を決める（五原則）
第26条	休業手当	使用者の責任による休業の場合は，6割以上の手当を支払う．
第27条	出来高払制の保障給	出来高払制，請負制の場合の一定額の賃金保障
第28条	最低賃金	最低賃金法の定めによる

労働時間，休憩，休日および年次有給休暇

条	項目	内容
第32条	労働時間	1週40時間以内／1日8時間以内を原則とする
第32条の4	変形労働時間制	労働組合あるいは代表者との協定により，平均時間を超えない範囲で増減は可能
第32条の5	変形労働時間	小売業，飲食店においては，協定により1日10時間労働も可
第34条	休憩	労働時間6時間を超える場合は45分 8時間を超える場合は1時間を与える
第35条	休日	毎週少なくとも1日あるいは4週間を通じて4日以上
第36条	時間外及び休日の労働	労働組合あるいは代表者との書面による協定により，時間外及び休日の労働は可／有害業務の時間外は1日2時間以内を限度
第37条	割増賃金	時間外，休日及び深夜の割増賃金は2割5分〜5割の範囲内とする
第38条	時間計算	事業場が異なる場合は通算／坑内での休憩は労働時間とみなす
第39条	年次有給休暇	6ヶ月間継続勤務し，全労働日の8割以上出勤者に10日間与える．

年少者・女性の就業制限

条	項目	内容
第56条	最低年齢	満15歳に達した日以後の最初の3月31日が終了するまで使用できない
第61条	深夜業	午後10時から午前5時までの18歳未満の使用禁止 交替制の場合は16歳以上の男性は可
第62条	危険有害業務の就業制限	重量物取扱業務／危険物取扱業務／クレーン，デリック又は揚荷装置の運転業務／クレーン，デリック又は揚荷装置の玉掛け業務／高さ5m以上の墜落のおそれのある所／足場の組立，解体，変更の業務／土砂崩壊のおそれ又は深さ5m以上の地穴について18歳未満の就業禁止
第63条	坑内労働	18歳未満の坑内労働禁止
第64条の2	坑内労働	女性は18歳以上でも坑内労働は禁止
第64条の3	妊産婦	重量物取扱業務及び有害ガス発散場所での就業制限
第65条	産前産後	産前6週間，産後8週間の就業制限
第67条	育児時間	生後1年未満の育児には，1日2回各30分の育児時間の請求が可

9-4 労働安全衛生法

■ 災害防止のバイブル

目的（第1条）

労働災害の防止のため，職場における労働者の安全と健康を確保するとともに，快適な職場環境の形成を促進することを目的とする．

労働安全衛生管理体制（第10条～第19条）

元請，下請別及び現場の規模により選任すべきものは下表のとおりである．

選任管理者等	労働者数	職務・要件
総括安全衛生管理者	単一企業常時100人以上	危険，健康障害防止／教育実施／健康診断の実施／労働災害の原因調査
安全管理者	常時50人以上	安全に係る技術的事項の管理（300人以上は1人を専任）
衛生管理者	常時50人以上	衛生に係る技術的事項の管理（1 000人以上は1人を専任）
産業医	常時50人以上	月1回は作業場巡視（医師から選任）
統括安全衛生責任者	複数企業常時50人以上	協議組織設置・運営／作業間連絡調整／作業場所巡視／安全衛生教育指導援助／労働災害防止（隧道，圧気，橋梁工事は30人）
元方安全衛生管理者	複数企業常時50人以上	協議組織の設置・運営／作業間連絡調整／作業場所巡視／安全衛生教育の指導援助／工程，機械設備の配置計画／労働災害防止 上記各項の技術的事項管理
安全衛生責任者	複数企業常時50人以上	統括安全衛生責任者への連絡／関係者への連絡

作業主任者（第14条：免許を受けた者又は技能講習を修了した者）

作業主任者を選任すべき主な作業（労働安全衛生法施行令第6条）は以下のとおりである．

作業内容	作業主任者	資　格
高圧室内作業	高圧室内作業主任者	免許
アセチレン・ガス溶接	ガス溶接作業主任者	免許
コンクリート破砕機作業	コンクリート破砕機作業主任者	技能講習
2 m以上の地山掘削及び土止め支保工作業	地山の掘削及び土止め支保工作業主任者	技能講習
型枠支保工作業	型枠支保工の組立等作業主任者	技能講習
吊り，張出，5 m以上足場組立	足場の組立等作業主任者	技能講習

作業内容	作業主任者	資格
鋼橋（高さ5m以上，スパン30m以上）架設	鋼橋架設等作業主任者	技能講習
コンクリート造の工作物（高さ5m以上）の解体	コンクリート造の工作物の解体等作業主任者	技能講習
コンクリート橋（高さ5m以上，スパン30m以上）架設	コンクリート橋架設等作業主任者	技能講習

＊作業主任者の職務：作業の方法の決定及び作業の直接指揮／材料，器具，工具の点検／安全帯，保護帽の使用状況の監視

安全衛生教育（第59，60条：労働災害防止のため）

教育の種類	内容
新規雇入時教育	作業員を新規に雇い入れた時
新規雇入時教育の準用	作業内容の変更時
職長教育	新規の職長及び指導，監督者
特別教育（危険有害な業務）	3t未満のブルドーザ等の運転／ローラ等の運転／1t未満の移動式クレーンの運転／5t未満のクレーンの運転／1t未満の（移動式）クレーン玉掛け業務

就業制限（第61条：有資格者以外就業できない）

技能講習修了者が就ける業務	3t以上の自走機械の運転／ガスの溶接，溶断作業
免許所有者が就ける業務	発破の作業／吊上げ荷重5t以上のクレーン

計画の届出（第88条：厚生労働大臣又は労働基準監督署長に提出）

届出期限	届出先	工事内容
工事開始30日前まで	厚生労働大臣	長さ3000m以上のずい道建設／長さ1000～3000mのずい道建設で，立坑50m以上の掘削／ゲージ圧力0.3MPa以上の圧気工事／堤高150mのダム建設／最大支間500m以上（つり橋は1000m）の橋梁建設／堤高150mのダム建設／高さ300m以上の塔の建設
工事開始30日前まで	労働基準監督署長	アセチレン溶接装置（移動式を除く）／軌道装置の設置／型枠支保工（支柱3.5m以上）／架設通路（高さ及び長さ10m以上）／足場（吊り足場，張出足場，高さ10m以上）／機械類の設置（3t以上のクレーン／2t以上のデリック／1t以上のエレベータ
工事開始14日前まで	労働基準監督署長	高さ31mを超える建築物，工作物の建設，改造，解体，破壊／最大支間50m以上の橋梁建設／最大支間30～50mの橋梁上部工建設／ずい道建設（内部に人が入るもの）／掘削高さ10m以上の地山掘削／掘削高さ10m以上の土石採取のための掘削／坑内掘りによる土石採取のための掘削／圧気工法による作業

9-5 各種安全衛生規則

■ 安全作業のバイブル

クレーン等安全規則

条	項目	内容
第2条	適用の除外	0.5 t未満のクレーン,移動式クレーン,デリックは適用しない.
第66条の2	作業方法等の決定	①移動式クレーンによる作業の方法 ②移動式クレーンの転倒を防止するための方法 ③移動式クレーンの作業に係る労働者の配置及び指揮の系統
第67条	特別の教育	つり上げ荷重が1 t未満の運転は特別講習を行う.
第68条	就業制限	運転免許が必要(つり上げ荷重が1〜5 t未満は技能講習修了者で可)
第69条	過負荷の制限	定格荷重以上の使用禁止
第70条の3	使用の禁止	軟弱地盤等転倒のおそれのある場所での作業禁止
第70条の5	アウトリガー	アウトリガー又はクローラは最大限に張り出す
第71条	運転の合図	一定の合図を定め,指名した者に合図を行わせる
第72条	搭乗の制限	労働者の運搬,つり上げの禁止
第74条	立入禁止	作業半径内の労働者の立入禁止
第75条	離脱の禁止	荷をつったままでの,運転位置からの離脱の禁止

ゴンドラ安全規則

条	項目	内容
第12条	特別の教育	ゴンドラの運転については特別講習を行う.
第14条	使用の禁止	ゴンドラの作業床の上での脚立等の使用の禁止
第15条	離脱の禁止	ゴンドラ操作中での操作位置からの離脱の禁止
第16条	操作の合図	一定の合図を定め,指名した者に合図を行わせる.
第17条	安全帯等	作業中は安全帯又は命綱を使用する.

高気圧作業安全衛生規則

条	項目	内容
第2条	作業室の気積	作業室の気積は労働者1人につき4 m^{3}以上とする.
第3条	気閘室の床面積,気積	気閘室の床面積,気積は作業者1人につきそれぞれ0.3 m^{2}以上,0.6 m^{3}以上とする

9-5 各種安全衛生規則

条	項目	内容
第4条	送気管の配管	送気管の配管はシャフト内を通すことなく，作業室又は気閘室へ配管する
第6条	排気管	減圧を行うための排気管は内径 53 mm 以下とする
第10条	作業主任者	作業室ごとに，高圧室内作業主任者を選任する． ①作業方法の決定，作業の指揮，②有毒ガスの濃度測定，③作業室の入退室の人数確認，④作業室内の適正な圧力の保持等
第14条	加圧の速度	加圧の速度は，毎分 0.08 N/mm^2 以下とする．
第22条	設備の点検	送排気管等のバルブ，コックは毎日点検を行う．
第38条	健康診断	作業員の健康診断は 6ヶ月に 1 回行う

酸素欠乏症等防止規則

条	項目	内容
第2条	定義	①酸素欠乏：空気中の酸素濃度が 18％未満 ②酸素欠乏等：空気中の硫化水素濃度が 100万分の 10 を超える状態
第3条	作業環境測定	その日の作業の開始前に空気中の酸素濃度を測定する．
第5条	換気	酸素濃度が 18％以上，硫化水素濃度が 100万分の 10 以下に保つ．
第8条	人員の点検	作業場の入退場の人数確認を行う．
第9条	立入禁止	作業従事者以外の作業場への立入禁止

建設工事公衆災害防止対策要綱（土木工事編）（第三者に対する危害および迷惑を防止する）

項目		内容
第8	近隣への周知	あらかじめ工事概要を近隣居住者等へ周知させ，その協力を求める．
第10	作業場の区分	作業場を周囲から固定柵，移動柵等により明確に区分する
第11	柵の規格寸法	固定柵は高さ 1.2 m 以上，移動柵は高さ 0.8〜1.0 m，長さは 1.0〜1.5 m とする．
第14	車両の出入	作業場への車両の出入は，原則として交通流に対し背面からとする．
第16	作業場出入口	引戸式の扉を設置し閉鎖しておく，開放の場合は，見張員を配置する．
第17	道路標識等	道路上での工事には，道路標識，標示板等を設置する．
第18	保安灯の設置	夜間施工の場合，150 m 前方から視認可能な光度とする．
第20	交通の誘導	道路上での工事には，交通誘導員を配置し交通の流れを阻害しない．
第23	車道幅員	通行を制限する場合，1 車線の場合 3 m 以上，2 車線の場合 5.5 m 以上とする．
第24	歩行者対策	歩行者通路として幅 0.75 m（歩行者が多い場合は 1.5 m）以上を確保する．

9-6 道路交通関係法令

■ 道路と車に関するバイブル

道路法（公共用道路の管理，構造，保全が目的）

条	項 目	内 容
第32条	道路の占用許可	道路に次のような工作物，施設を設け，継続して道路を使用する場合は道路管理者の許可を受ける。 ①水道，下水管，ガス管，②鉄道，軌道，③歩廊，雪よけ，④地下街，地下室，通路，⑤電柱，電線，変圧塔，郵便箱，⑥露店，商品置場
第40条	原状回復	占用期間の満了あるいは廃止した場合は，工作物，物件等を除却し，道路を原状に回復する。
第43条	禁止行為	道路の損傷又は汚損及び土石，竹木等のたい積等交通に支障のある行為を禁止する。
第43条の2	落下予防措置	積載物の落下により道路の損傷又は汚損等交通に支障を及ぼすおそれがあるときは，運転者に対し通行中止，積載方法の是正を命令できる。

車両制限令（道路法：道路を通行する車両の規格）

条	項 目	内 容
第3条	車両の幅等の最高限度	道路を通行する車両の規格が以下のように定められている。 ①幅：2.5 m，②長さ：12 m，③高さ：3.8 m（又は4.1 m） ④重量（総重量：20 t（又は25 t），軸重：10 t，輪荷重：5 t） ⑤最小回転半径：12 m（車両の最外側のわだちについて）
第8条	カタピラ車の通行制限	カタピラ車は下記の場合を除き，舗装道路は通行できない。 ①カタピラの構造が路面を損傷しない場合，②除雪のために使用する場合，③路面を損傷しない措置が取られている場合
第12条	特殊車両の特例	車両制限を超えて通行する場合は道路管理者の許可が必要である。

車両制限令

- 3.8 m（又は4.1 m）
- 2.5 m
- 12 m
- 貨物
- 重量
  - ㋑ 総重量20 t（又は25 t）
  - ㋺ 軸重10 t
  - ㋩ 輪荷重5 t

道路交通法（道路利用者と車両の交通安全と円滑を図る）

条	項目	内容
第57条	乗車又は積載の制限	道路通行車両の乗車，積載の制限が以下のように定められている． ①長さ：（自動車の長さ×1.1）m以下 ②幅：自動車の幅以下， ③高さ：3.8 m

乗車・積載制限

条	項目	内容
第57条 第3項	制限外の許可	やむを得ず分割できない積載物を積載する場合は，出発地の警察署長の許可が必要となる．
第59条	牽引制限	牽引用の構造及び装置を有し，全長が25 m以内であること又は公安委員会の許可を得た場合は通行できる．

牽引制限

条	項目	内容
第76条	禁止行為	①信号機，道路標識又は類似工作物のみだりな設置禁止 ②信号機，道路標識の効用を妨げる工作物等の設置禁止 ③交通の妨害となる物の放置
第77条	道路の使用許可	道路において次のような行為をする場合は警察署長の許可を受ける． ①道路における工事，作業（仮設備，足場，材料置き場等含む） ②工作物の設置（石碑，銅像，広告板等） ③露店，屋台の出店 ④祭礼，ロケーション等，一般交通に著しい影響を及ぼす行為

9-7 騒音・振動規制法

■ 静穏生活のバイブル

特定建設作業（騒音・振動規制法共に第2条に定義されている）

建設工事の作業のうち，著しい騒音または振動を発生する作業として下記の作業が定められている（作業を開始した日に終わるものは除外）．

	特定建設作業	適用除外
騒音規制法	くい打機，くい抜機，くい打くい抜機を使用する作業	くい打機はもんけんを除く． 圧入式くい打くい抜機を除く． くい打機をアースオーガーと併用する作業を除く．
	びょう打機を使用する作業	
	削岩機を使用する作業	1日の作業の2点間の最大移動距離が50 mを超える作業を除く．
	空気圧縮機を使用する作業（電動機以外の原動機出力が15 kW以上）	電動機を使用した作業を除く． 削岩機の動力として使用する作業を除く．
	コンクリートプラント（混練容量0.45 m³以上のもの）	モルタルを製造するための作業を除く．
	アスファルトプラント（混練重量200 kg以上のもの）	混練重量が200 kg未満のものを除く．
	バックホウ	原動機出力が80 kW未満のものを除く．
	トラクターショベル	原動機出力が70 kW未満のものを除く．
	ブルドーザ	原動機出力が40 kW未満のものを除く．
振動規制法	くい打機，くい抜機，くい打くい抜機を使用する作業	もんけん及び圧入式くい打機を除く． 油圧式くい抜機を除く． 圧入式くい打くい抜機を除く．
	鋼球を使用して工作物を破壊する作業	
	舗装版破砕機	1日の作業の2点間の最大移動距離が50 mを超える作業を除く．
	ブレーカ	1日の作業の2点間の最大移動距離が50 mを超える作業を除く． 手持式ブレーカを除く．

規制基準（騒音・振動規制法共に第15条に定義されている）

規制基準としては次の点が定められており，騒音・振動規制法共に，規制項目に対する規制値は音量および振動の規制数値以外は共通となっている．

9-7 騒音・振動規制法

規制項目	指定区域	指定区域外
作業禁止時間	午後7時から翌日の午前7時まで	午後10時から翌日の午前6時まで
1日当たりの作業時間	1日10時間まで	1日14時間まで
連続日数	連続して6日を超えない	
休日作業	日曜日その他の休日には発生させない	
規制数値	音量が敷地境界線において85デシベルを超えない．振動が敷地境界線において75デシベルを超えない．	

※災害・非常事態，人命・身体危険防止の緊急作業については上記規制の適用を除外する．

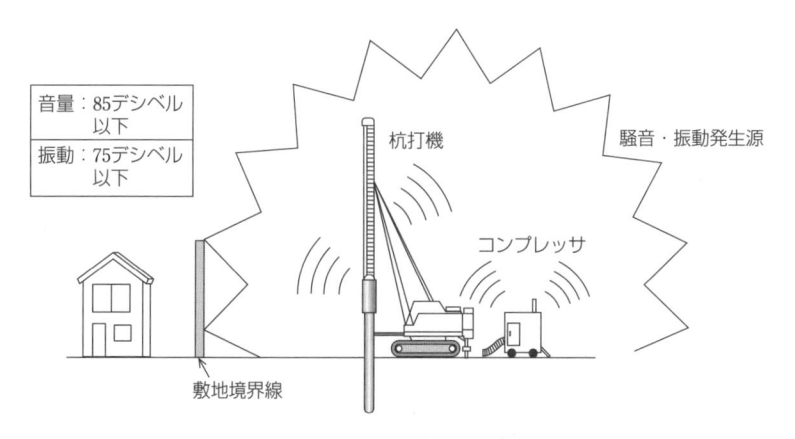

▲ 騒音・振動規制法

実施の届出（騒音・振動規制法共に第14条）

特定建設作業に関する規制	届出の内容
・指定地域内で特定建設作業を行う場合に，7日前までに市町村長へ届け出る． ・災害等緊急の場合はできるだけ速やかに届け出る．	・建設する施設又は工作物の種類 ・特定建設作業の場所及び実施の期間 ・騒音の防止の方法 ・特定建設作業の種類と使用機械の名称，形式 ・作業の開始及び終了時刻 ・添付書類（特定建設作業の工程が明示されたもの）

指定地域

住民の生活環境を保全するため下記の条件の地域を規制地域として指定する．
- 良好な住居環境の区域で静穏の保持を必要とする区域
- 住居専用地域で静穏の保持を必要とする区域
- 住工混住地域で相当数の住居が集合する区域
- 学校，保育所，病院，図書館，特養老人ホームの周囲80mの区域

9-8 その他の関係法令

■ 他にもあるこんなバイブル

河川法（区域および管理）

条	項目	定義
第3条	河川	一級河川及び二級河川をいい，河川管理施設も含む．
	河川管理施設	河川の流水によって生ずる公利を増進し，公害を除却，軽減する効用を有する施設（ダム，堰，水門，堤防，護岸，床止め，樹林帯等）
第4条	一級河川	国土保全，国民経済上特に重要な河川で国土交通大臣が指定したもの．
第5条	二級河川	一級河川以外で公共の利害に重要な河川で都道府県知事が指定したもの．
第100条	準用河川	一級河川，二級河川以外で市町村長が指定したもの．
第6条	河川区域	堤防の川裏ののり尻から，対岸の堤防の川裏ののり尻までの間の河川としての役割をもつ区域
第54条	河川保全区域	河岸又は河川管理施設を保全するために必要な河川区域に隣接する50 m以内の区域

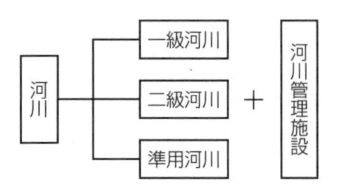

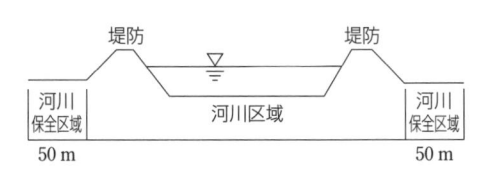

▲ 河川法

河川管理者の許可

下記の行為を行う場合，河川管理者の許可を受ける．

条	項目	内容
第23条	流水の占用	河川の流水を占用する．
第24条	土地の占用	河川区域内の土地を占用する．
第25条	土石等の採取	河川区域内の土地で土石（砂を含む）を採取する．
第26条	工作物の新築等	河川区域内の土地で工作物を新築，改築，除去をする．
第27条	土地の掘削	河川区域内の土地で土地の掘削，盛土，切土等土地の形状を変更する．
第55条	河川保全区域内での許可	・土地の掘削，盛土又は切土その他土地の形状を変更する行為 ・工作物の新築又は改築
令第15条の4	許可不要な軽易な行為	・河川管理施設から10 m離れた土地の耕うん． ・取水口，排水口付近に積った土砂の排除．

建築基準法

● 建築関係の申請（仮設建築物には適用しない）

申請事項	必要なケース	申請者	申請先
確認申請	建築するとき	建築主	建築主事
建築物除去（工事）届	除去（建築）時	施工者（建築主）	都道府県知事
完了検査申請	工事完了時	建築主	建築主事
定期報告・定期検査	建築物検査時	管理者（所有者）	市町村長（都道府県知事）

● 制限の緩和

緩和事項（建築基準法の適用除外）	緩和されない（建築基準法が適用）
敷地の衛生及び安全／大規模な建築物の主要構造部／屋根の不燃化／便所，避雷針，昇降機／建ぺい率，容積率に関する規定	設計及び工事監理／構造耐力／50 m^2 超の防火地域の屋根／電気設備の安全及び防火に関する規定

環境対策関係法令

環境対策関係法令としては主に下記の法令があるが，内容については，8-7 節を参照する．

法律名称	目的
廃棄物の処理及び清掃に関する法律（廃棄物処理法）	・廃棄物の排出抑制，適正な分別，保管，収集，運搬，再生，処分等の処理をし，生活環境の保全及び公衆衛生の向上を図ること．
資源の有効な利用の促進に関する法律	・資源の有効な利用の確保 ・廃棄物発生の抑制と環境保全 ・使用済物品等及び副産物の発生の抑制 ・再生資源及び再生部品の利用促進 ・国民経済の健全な発展
建設工事に係る資材の再資源化等に関する法律（建設リサイクル法）	・特定建設資材について，分別解体及び再資源化等を促進する． ・解体工事業者について登録制度を実施し，再生資源の十分な利用及び廃棄物の減量等を通じ，資源の有効な利用の確保を図る． ・生活環境の保全及び国民経済の健全な発展に寄与する．

火薬類取締法

火薬の取扱いに関する規制の主な点は下記に定められている．

条	項目	内容
第11条	貯蔵	・火薬類は火薬庫に貯蔵する． ・火薬収納箱は内壁から30 cm離し，高さ1.8 mの平積みとする． ・火薬庫から火薬を取り出すときは古いものから使用する． ・帳簿は火薬庫ごとに2年間保存する．
第12条	火薬庫	・設置場所は湿地を避ける． ・火薬庫の構造は平屋建ての鉄筋コンクリート造とする． ・火薬庫の周囲には土堤を設置する． ・火薬庫には避雷針を設置する． ・入口の扉は二重扉とし，外扉は鉄板とする． ・盗難防止のための鍵を設置する．
規則 第52条	火薬類取扱所 （火薬及び発破の準備のために消費場所に設置する建物）	・建物は鉄筋コンクリート造等の防火及び盗難防止の構造とする． ・屋根の外面は不燃性物質（金属板，スレート板，瓦）を使用する． ・建物の内面は板張りとし，床面にはできるだけ鉄類を表さない． ・暖房の設備は，温水，蒸気又は熱気以外のものを使用しない． ・存置する火薬類の数量は1日の消費見込量以下とする． ・帳簿を備え，責任者を定めて火薬類の受払い，消費残数量を記録する．
規則 第52条 の2	火工所 （薬包に雷管等を取り付ける場所）	・火工所に火薬類を存置する場合は，見張人を常時配置する． ・照明設備は火工所内と完全に隔離した電灯とする． ・火工所内には電導線を表さない． ・周囲には柵を設け「火薬」，「火気厳禁」等の警戒札を設置する．
第23条	取扱者の制限	・18歳未満の者は火薬類の取扱いはできない．
規則 第51条	火薬類の取扱い	・収納する容器は，木，その他電気不良導体で作った丈夫な構造とし，内面には鉄類を表さない． ・1日の消費作業終了後は，やむを得ない場合を除き，消費場所に火薬類を残置させないで，火薬庫又は庫外貯蔵庫に貯蔵する． ・火薬類取扱い場所付近では，禁煙，火気厳禁とする．

▲ 火薬庫

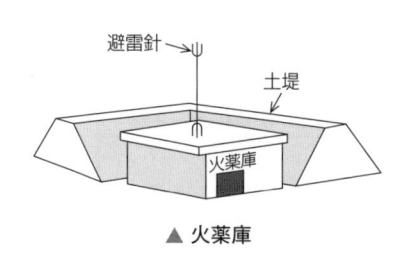

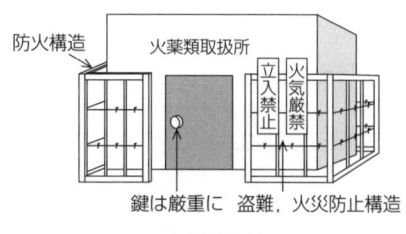

▲ 火薬類取扱所

港則法（港内における船舶交通の安全および港内の整とんを図る）

条	項目	内容
第3条	定義	・雑種船：汽艇，はしけ及び端舟その他かいのみをもって運転する船舶． ・特定港：きっ水の深い船舶が出入りできる港又は外国船舶が常時出入する港であって，政令で定めるもの．
第4条	入出港の届出	・船舶は，特定港に入港したとき又は特定港を出港しようとするときは，その旨を港長に届け出る．ただし，次の場合は届け出る必要はない． ①総トン数20トン未満の船舶及び端舟その他かいのみをもって運転する船舶． ②平水区域を航行区域とする船舶． ③あらかじめ港長の許可を受けた船舶
第8条	修繕及びけい船	・特定港内においては，雑種船以外の船舶を修繕し，又はけい船しようとする者は，その旨を港長に届け出る． ・修繕中又はけい船中の船舶は，特定港内においては，港長の指定する場所に停泊しなければならない．
第9条	けい留等の制限	・雑種船及びいかだは，港内においては，みだりにこれをけい船浮標若しくは他の船舶にけい留し，又は他の船舶の交通の妨となる虞のある場所に停泊させ，若しくは停留させてはならない．
第13条	航路	・船舶は，航路内においては，下記の場合を除いては，投びょうし，又はえい航している船舶を放してはならない． ①海難を避けようとするとき． ②運転の自由を失ったとき． ③人命又は急迫した危険のある船舶の救助に従事するとき． ④港長の許可を受けて工事又は作業に従事するとき．
第14条	航法	・航路外から航路に入り，又は航路から航路外に出ようとする船舶は，航路を航行する他の船舶の進路を避けなければならない． ・船舶は，航路内においては，並列して航行してはならない． ・他の船舶と行き会うときは，右側を航行しなければならない． ・船舶は，航路内においては，他の船舶を追い越してはならない．
第27条	灯火等	・港内においては，白色の携帯電灯又は点火した白灯を周囲から最も見えやすい場所に表示しなければならない．
第36条	灯火の制限	・何人も，港内又は港の境界附近における船舶交通の妨げとなる虞のある強力な灯火をみだりに使用してはならない．

第9章 法規・法律

土木豆辞典

■ 土木用語（4）

名　称	説　明
天端（てんば）	道路築堤や河川堤防あるいは構造物の最頂部のこと
とら	タワーややぐらなどの高い構造物が倒れないように，上部と地上のアンカーを結んだ綱
トラロープ	黄色と黒の虎の縞状になったロープ
逃げ	測量杭がなくなっても復元できる引照点．あるいは材料の寸法の余裕
根切り	構造物の基礎をつくるための掘削工事をいう．建築工事でよく使われる
のり	堤防などの土砂斜面の傾斜または石積みや擁壁などの斜面の傾斜（のり勾配は1割5分のように表す）
はこ番	現場詰所や見張り小屋などの小型の仮設小屋
番線（ばんせん）	針金，鉄線のことで太さにより番号を付ける
拾う	設計図面から材料を算出すること（数量計算のことを拾出しという）
ぶら	糸の先に円錐状の鉄のかたまりが付いた下げ振りのことで，垂直を確認するための小道具
ユンボ	バックホウの機種の1つだが，国産初だったのでバックホウの代名詞のようになった
ようかん	レンガなどを長手方向に2つに割ったもの（形から来た言葉）
よっこ	資材などの重量物をバールなどを使って移動させること
ラーメン	鉄筋コンクリートの主要な構造形式で，各部材を接合点で剛接したもの
りゃんこ	長さの違うものを交互に組み立てたり，塗装で2回塗のこと．一般でも位置を交互にするときに使う

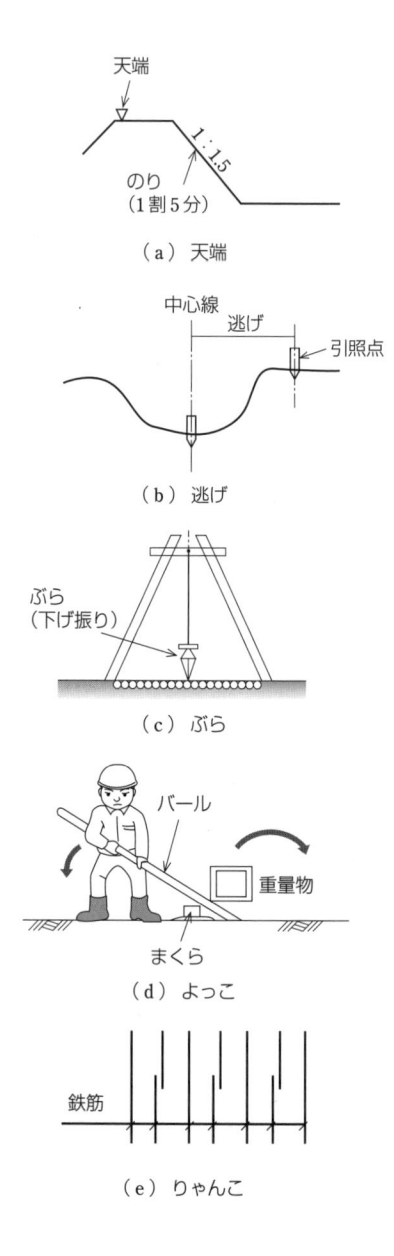

（a）天端

（b）逃げ

（c）ぶら

（d）よっこ

（e）りゃんこ

第10章

これからの土木

新しい技術を学ぶ

10-1 未知の空間開発

■ 可能性を求めて

　有史以来，土木技術者は人類の生活，活動の発展のために尽くしてきたが，限られた生活圏の範囲での活動に限られ，その結果として地球温暖化などの環境破壊を助長することとなった．しかしながら，地球上では未知の空間としてニューフロンティアと呼ばれる海洋，砂漠および大深度地下，さらには地球を離れた宇宙空間の分野へと開発の可能性が残されている．地球環境との共生を図りつつ，調和のとれた開発の促進が今後の土木技術者にとっての使命となるであろう．

海洋開発

　海洋は膨大な量の生物資源，鉱物資源および石油などのエネルギー資源を包蔵しているばかりでなく，広大な空間を有し，潮流，波浪などの尽きることのない自然エネルギーが存在する場であり，国土が狭く，資源の乏しいわが国にとっては，広大な海洋は貴重な財産である．

　また，海洋は美しい景観や親水空間を有しており，国民の価値観の多様化に伴い精神的な充足を求める意識が高まっている中で，憩いの場，レクリエーションの場などを提供するなど，多面的な価値を有している．さらに，近年の科学技術の進歩は，海洋の資源や空間の新たな利用方法を産み出し，この結果，海洋の開発利用が社会経済の発展に貢献する度合は近年飛躍的に増加している．このように，21世紀の日本の発展にとって，海洋開発が果たす役割はますます大きなものとなってきている．

　わが国における土木技術を活用する海洋開発は，臨海工業地帯やポートアイランドに代表される，臨海部の埋立てや人工島建設による土地造成が主流となっているが，今後はさらに沖合への展開を図るポートアイランドやマリネーション（海

▲ マリネーション構想（イラスト：下田謙二）

上都市），海洋エネルギー，海洋生物・鉱物資源などの新分野の開発も期待される．

地下開発

　東京に代表される大都市においては，近年，過密の度合いはますます高まっているが，浅深度の地下は地下鉄，電気，ガス，上下水道，地下街などの既設の構造物で過密化・輻輳化しており，新規に計画・建設する際の自由度も低く，大変困難となっている．今後の地下開発はますます大深度へと進まざるを得ない．高速走行が可能な鉄道・道路の建設，物流専用のネットワークの構築，石油やガスなどのエネルギーの貯蔵・備蓄，地下河川や地下調整池の建設による都市の防災，清掃工場や廃棄物の処分場としての地下利用など，実現のためには，長距離高速掘進，トンネルの分岐・拡幅や多様な断面に対応したシールド工法などの土木技術の開発が不可欠となる．

砂漠開発

　地球の30%を占める砂漠地帯は，気象変動と人口や家畜の増加による植生の消滅により，毎年6万平方キロ（およそ四国と九州を併せた面積）ずつ砂漠化が進行している．土木技術を駆使することにより，この動きに歯止めをかけ，この不毛の地を緑地に変えることが緊急の課題となる．

宇宙開発

　これまでの宇宙開発は，ロケットや人工衛星などの航空・宇宙分野が中心であったが，近年，月面基地や宇宙ステーションが現実のものとなり，人類が宇宙において長期間滞在し，生産活動などを開始することになると生活空間としての整備が必要となってくる．月面基地をはじめとする施設整備に対して，土木技術者の果たすべき役割はますます大きくなるであろう．

▲ 月面基地構想（イラスト：下田謙二）

10-2 環境との調和

■ 自然環境との共生を図る

　ダム工事に端的に象徴されるように，土木工事が環境破壊そのものであるとの考えが，現在でも世論をにぎわせている．高度成長期の土木工事は，人間のために利便性や快適性を高めるものであり，人間以外の生き物の生息環境について無視したところが見受けられた．今後の土木技術者の役割として最も重要なことは「環境との調和」を図ることである．

土木工事と環境保全

　土木工事が実施され人間の活動領域が拡大するとともに，生き物の生息環境は縮小されていった．この傾向のまま人間の活動が拡大すると，生き物は壊滅的打撃を受け，存在自体が脅かされる状況となることは避けられないものと考えざるを得ない．

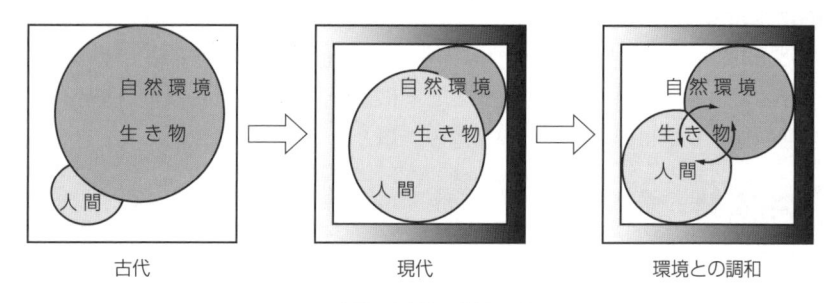

古代　　　　現代　　　　環境との調和

▲ 人間の活動と自然環境

　生き物を守ることはわれわれ人類を守ることであり，人類と生き物が共存できる道を探して進むしかないのである．それには経済活動に対して限界を設ける必要があり，環境面からは，土木にはいくつかの制約が設けられるべきである．

　1997年度からは大規模な土木工事には，環境アセスメントの実施が義務づけられることになった．重大な影響が懸念されるケースでは対策をとることを求められ，さらにここ10年で公共事業を実施する法律の改正がなされ，環境の保全や調和を事業の目的や前提に明記した公共事業が増えてきた．地区内とその周辺の環境について十分事前調査を行ってから工事に着手することは事業規模の大小を問わず当然の動きとなっている．さらに工事を前提としない生物調査の動きも始まっており，農林水産省は2001年度から田んぼの周りの生き物調査を実施し，淡水魚とカエルの分布が変動していないか，全国調査からその把握に努めている事例もある．

10-2 環境との調和

自然再生事業

2003年1月に自然再生推進法が施行され，環境省，国土交通省，農林水産省の三省共管で自然再生を目的とした事業の実施と，そのための調査に国費が投入され，再生活動を支援することとなった．また現在動いている土木プロジェクトの中でも，環境に配慮した工種や，環境に与える影響の少ない工法を採用する環境保全工種を組み入れて実施する工事が多数出現してきたところである．今後も，環境保全工事をあわせて実施するプロジェクトについては，全省庁をあげてその数を計画的に増やそうとしている．

自然環境の復元と土木技術の開発

自然環境の復元再生に資する土木技術の開発は，人間と生き物が共存してゆくために必須の事項であり，土木の未来を決めかねない重要な要件になるであろう．

自然環境の保全再生活動については現在，NPOなどの民間の力に頼っている状況であり，土木工事では施工前からワークショップを開催し第三者を巻き込んで進める手法が取り入れられるようになってきた．生態学者からは，順応的管理手法を適用して学者も参画した科学的再生管理の実施の提言がなされており，各所で産学の協働の輪が作られつつある．民間企業にも環境保全活動に熱心なところがある．公の場で実施されている環境保全活動に官民の土木技術者は積極的に加わらなければならないし，保全再生活動の現場のなかに環境と調和した土木技術とは何かというヒントが転がっており，これらの活動に参加することによってそのヒントを見つけ出すことができるであろう．また，古来より伝わる伝統工法の掘起こしも重要な課題である．

環境との調和は土木工学にとって非常に重い課題である．民官学の連携が望まれるところである．

（a）水路の自然環境復元（三島市）　　（b）ホタルの里の復元（三島市）

▲ 自然環境の復元

10-3 土木のストックマネジメント

■ 施設の長寿命化を図る

ストックとは，道路，ダム，橋，上下水道施設などの公共土木資産のことをいい，これらのストックは年月の経過と共に劣化，機能低下が進行し，今後，更新時期を迎えることとなる．この際，従来どおりの一括更新を行うのではなく，補修・補強などにより施設の長寿命化を図り，既存ストックの有効活用を行うことも有効な手段となる．

ストックマネジメントとは

ストックマネジメントとは，「施設機能の診断，施設状態の評価，劣化予測，対策工法の検討およびライフサイクルコストの算定といった一連の作業を行うことにより施設を計画的かつ効率的に管理する仕組み」と定義され，コスト低減を図るとともに，高い資産価値を維持していくものである．

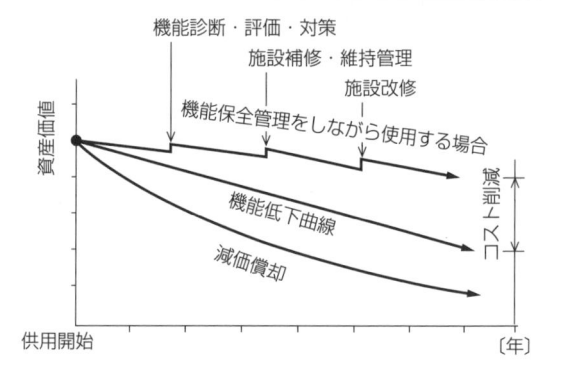

▲ 構造物の経過年数と資産価値

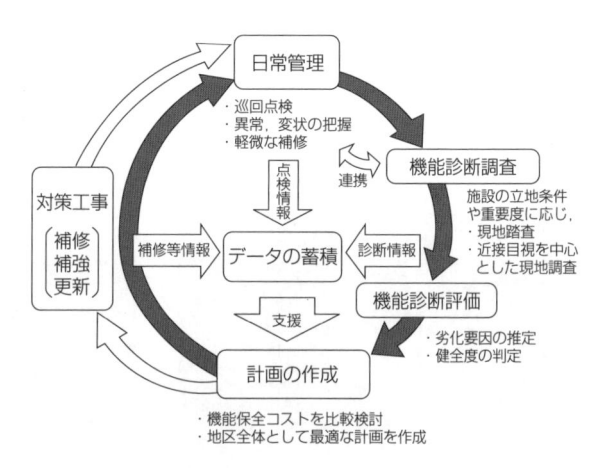

ストックマネジメントの流れは，右図のように日常管理からはじまり，施設の機能診断，評価，計画作成を経て，日常管理の継続または対策の実施という順に進める．この流れを繰り返し行っていくことで，適期に適切な対策を講じ，施設の長寿命化を図り，維持管理を含めたトータルコストを低減するものである．

▲ ストックマネジメントの流れ

施設機能診断

土木技術者が診断医になって施設の健康状況（劣化，機能低下など）を総合的に把握することであり，目視調査から始まり各種非破壊検査がある．

- **機能低下の要因**：機能の低下は，単に経年変化したために発生するとは限らない．建設時点では予測し得なかった条件変化や，施設を取り巻く環境変化など多様な原因が存在する．機能低下の原因は，大別すると下表のように外的要因と内的要因に分けられるが，実際には複数の要因が関わっていることが多い．

外的要因	内的要因
地震，渇水などの自然災害影響／技術の陳腐化／施設利用者ニーズの多様化，高度化／施設周辺立地環境の変化／法制度，基準の改正 など	保全管理の不徹底／不適正な使用方法／リスク対策の不備／寿命／性能低下／構造欠陥／当初計画の錯誤，施工不良 など

- **非破壊検査**：構造物を破壊せずに，健全度，劣化状況を調査し，規格などによる基準に従って合否を判定する方法であり，下表のような検査がある．

検査項目	測定内容	検査方法
外観	劣化状況／異常個所	目視検査／デジタルカメラ／赤外線
変形	全体変形／局部変形	メジャー／トランシット／レーザ
強度	コンクリート強度／弾性係数	コア試験／テストハンマ
ひび割れ	分布／幅／深さ	デジタルカメラ／赤外線／超音波
背面	コンクリート厚／背面空洞	電磁波レーダ／打音
有害物質	中性化／塩化物イオン／アルカリ骨材反応	コア試験／試料分析
鉄筋	かぶり／鉄筋間隔	電磁波レーダ／X線

機能保全計画

各構造物の詳細な診断結果をもとに，施設全般としての総合的な機能診断，経済比較を行い，最適機能保全計画の策定を行う．

- **全面一括更新**：橋梁などにおいて健全度，劣化状況が著しく劣り，今後の使用が困難な場合に施設全体を改修するものである．
- **区間更新**：道路，水路などの一部区間で健全度，劣化状況が著しく劣る場合に，該当区間のみを更新する．
- **部分補修**：トンネルや管水路の内空部や道路，構造物の表面の補修を行うもので，下水道管などで新工法の開発が盛んに行われている．

10-4 総合技術監理
■ 複数の要求事項を総合的に判断する

　科学技術の発達により，人々は生活の利便性においてその恩恵を享受してきたが，その反面，環境汚染や安全性に対して社会への負の影響が拡大しつつあることも確かである．建設分野において安全性の確保や外部環境負荷の低減を実施するために，土木技術者には複数の要求事項を総合的に判断し全体を監理していく技術が必要とされてきている．科学技術者の重要な資格である技術士試験においても**総合技術監理部門**が追加されており，その重要性がうかがえる．

総合技術監理の技術体系

　土木事業においては，コストを含めた**経済性管理**が優先されるが，工事現場においては事故防止のための**安全管理**や環境被害防止のための**社会環境管理**も必要となる．また，組織の健全な活動においては**人的資源管理**が，現在の情報化社会においては**情報管理**も不可欠なものである．総合的な判断に基づく監理を行うためにこれら5つの管理に加えて**社会的規範**や**国際ルール**を包括した総合的な技術監理体系を確立する必要がある．

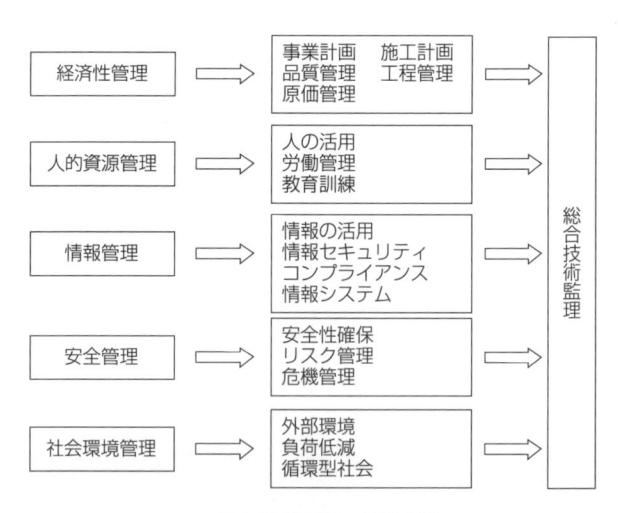

経済性管理	事業計画　施工計画／品質管理　工程管理／原価管理
人的資源管理	人の活用／労働管理／教育訓練
情報管理	情報の活用／情報セキュリティ／コンプライアンス／情報システム
安全管理	安全性確保／リスク管理／危機管理
社会環境管理	外部環境／負荷低減／循環型社会

→ 総合技術監理

▲ 総合技術監理の技術体系

経済性管理

　土木事業においては，人・設備・資機材・金を投入要素として，品質・コスト・納期・出来高・安全を生産する活動である．この生産性を高めるために行う**事業**

計画，施工計画，品質管理，工程管理，原価管理などを最適なものとするために総合的に検討を行うのが**経済性管理**である．

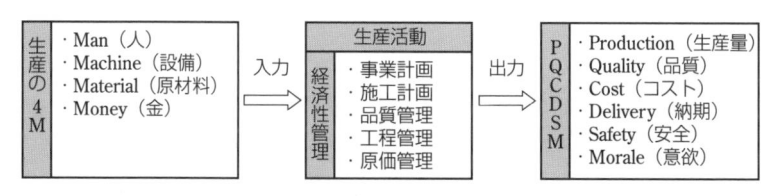

経済性管理の仕組み

生産の4M
- Man（人）
- Machine（設備）
- Material（原材料）
- Money（金）

入力 → 経済性管理
- 生産活動
  - 事業計画
  - 施工計画
  - 品質管理
  - 工程管理
  - 原価管理

出力 → PQCDSM
- Production（生産量）
- Quality（品質）
- Cost（コスト）
- Delivery（納期）
- Safety（安全）
- Morale（意欲）

人的資源管理

組織やプロジェクトにおいて，目的達成のためには，構成する各個人の能力を最大限に発揮させることが重要である．モチベーションを高めるための**労務管理**や技術習得のための**教育訓練**などの**人的資源管理**が重要となる．

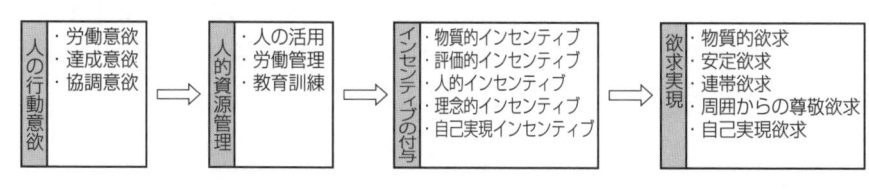

人の行動モデル

人の行動意欲
- 労働意欲
- 達成意欲
- 協調意欲

⇒ 人的資源管理
- 人の活用
- 労働管理
- 教育訓練

⇒ インセンティブの付与
- 物質的インセンティブ
- 評価的インセンティブ
- 人的インセンティブ
- 理念的インセンティブ
- 自己実現インセンティブ

⇒ 欲求実現
- 物質的欲求
- 安定欲求
- 連帯欲求
- 周囲からの尊敬欲求
- 自己実現欲求

情報管理

電子情報化の普及が著しい現在において，土木業界においてもインターネットをはじめ GIS（地理情報システム）や GPS（汎地球測位システム）などの**情報ネットワーク**の活用と共に，リスク対策としての**情報セキュリティ**を含めた**情報管理**が必要となる．

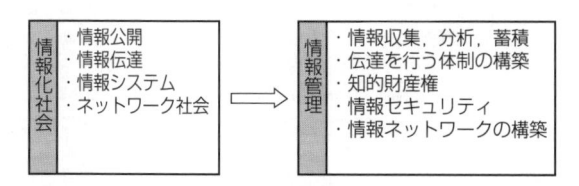

情報管理

情報化社会
- 情報公開
- 情報伝達
- 情報システム
- ネットワーク社会

⇒ 情報管理
- 情報収集，分析，蓄積
- 伝達を行う体制の構築
- 知的財産権
- 情報セキュリティ
- 情報ネットワークの構築

安全管理

ヒヤリハット活動に代表される，工事現場における事故・災害の未然防止対策はもちろんのこと，プロジェクトや組織全体の**リスク管理**や**危機管理**のシステム

を活用した**安全管理**が必要となる．

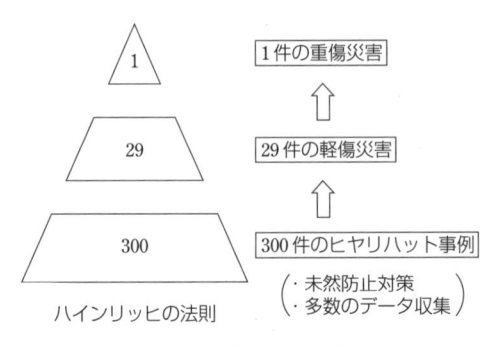

▲ ヒヤリハット活動

社会環境管理

土木事業においては事業の実施原則として**循環型社会の構築**，**快適な生活環境の形成**を基本目標とする方針が示されている．また，環境負荷低減のための**産業廃棄物**の管理を含めた**社会環境管理**が重要な責務である．

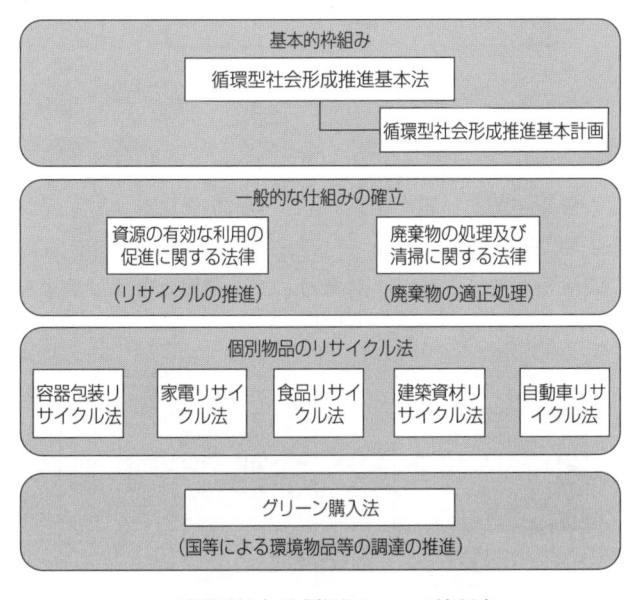

▲ 循環型社会形成推進のための法制度

土木豆辞典

■ 資格をとろう…土木技術に関する主要な資格

　土木技術者は，経験・実績・技術を必要とされるが，それ以外にも専門的な知識，社会常識および倫理観も含めて要求される．これらを総合的，客観的に評価するものとして，資格が判断材料とされることが多い．特に建設分野においては資格の有無が技術者としての必須条件となっている．

　土木を主体にした建設分野の主な資格を下表に示す．

資格の名称	認定種類	認定・問合せ機関	電話番号
技術士・技術士補	国家資格	日本技術士会	03-3459-1333
RCCM	民間資格	建設コンサルタンツ協会	03-3221-8855
土木施工管理技士（1，2級）	国家資格	全国建設研修センター	03-3581-0138
造園施工管理技士（1，2級）	国家資格	全国建設研修センター	03-3581-0139
下水道技術検定（1～3種）	国家資格	日本下水道事業団	048-421-2691
下水道処理施設管理技士	大臣認定	日本下水道協会	03-5200-0814
管工事施工管理技士（1，2級）	国家資格	全国建設研修センター	03-3581-0139
農業土木技術管理士	民間資格	土地改良測量設計技術協会	03-3436-6800
測量士・測量士補	国家資格	国土交通省国土地理院	029-864-8214
地質調査技士	大臣認定	全国地質調査業協会連合会	03-3818-7411
コンクリート（主任）技士	民間資格	日本コンクリート工学協会	03-3263-1571
コンクリート診断士	民間資格	日本コンクリート工学協会	03-3263-1571
農業水利施設機能総合診断士	民間資格	農業土木事業協会	03-3434-5437
ビオトープ計画管理士（1，2級）	民間資格	日本生態系協会	03-5951-0244
ビオトープ施工管理士（1，2級）	民間資格	日本生態系協会	03-5951-0244
環境再生医（上・中・初級）	民間資格	自然環境復元協会	03-5272-0254
公害防止（主任）管理者	国家資格	産業環境管理協会	03-3832-7006
労働安全コンサルタント	国家資格	日本労働安全衛生コンサルタント会	03-3453-7935
労働衛生コンサルタント	国家資格	日本労働安全衛生コンサルタント会	03-3453-7935
火薬類取扱保安責任者（甲・乙）	国家資格	全国火薬類保安協会	03-3264-8751
危険物取扱者（甲・乙・丙）	国家資格	消防試験研究センター	03-3597-0220

第10章　これからの土木

付　録

現場で役立つ土木の基本公式（ちょっと忘れたときに見てみよう）

水理学

■ 平均流速と流量

$Q = AV$ 〔m³/s〕, $V = Q/A$ 〔m/s〕, $A = Q/V$ 〔m²〕

Q：流量, V：平均流速, A：流積

■ マニングの平均流速公式

$$V = \frac{1}{n} \cdot R^{2/3} \cdot I^{1/2} \text{〔m/s〕}$$

V：平均流速, n：粗度係数, I：動水勾配

R：径深〔m〕$= A/S$, A：流積〔m²〕, S：潤辺〔m〕

■ ヘーゼンウイリアムスの平均流速公式

$V = 0.849 C \cdot R^{0.63} \cdot I^{0.54}$ 〔m/s〕

V：平均流速, C：流速係数, I：動水勾配

R：径深〔m〕$= A/S$, A：流積〔m²〕, S：潤辺〔m〕

円形管の場合, R に $D/4$ を代入（D：管径）すれば下式となる.

$V = 0.355 C \cdot D^{0.63} \cdot I^{0.54}$ 〔m/s〕

$Q = 0.279 C \cdot D^{2.63} \cdot I^{0.54}$ 〔m³/s〕

■ その他の平均流速公式

※マニングの平均流速公式などの指数公式型に対し、シェジー公式型に分類される.

【シェジーの公式】

$V = C\sqrt{RI}$ 〔m/s〕

V：平均流速〔m/s〕, C：シェジーの流速係数（以下各公式参照）

R：径深〔m〕, I：動水勾配

ここで

付録

- マニング式による C

  $$C = \frac{1}{n} \cdot R^{1/6}$$

  n：粗度係数，R：径深〔m〕

  ∴平均流速 $V = \dfrac{1}{n} \cdot R^{1/6} \sqrt{RI}$

- バサン式による C

  $$C = \frac{87}{1 + \dfrac{r}{\sqrt{R}}}$$

  r：通水面の粗度係数（滑らかな面 0.06，割石積み 0.46，規則的な土水路 0.86 など）
  R：径深〔m〕

  ∴平均流速 $V = \dfrac{87}{1 + \dfrac{r}{\sqrt{R}}} \cdot \sqrt{RI}$

- ガンギレー・クッタ式による C

  $$C = \frac{23 + \dfrac{1}{n} + \dfrac{0.00155}{I}}{1 + \left(23 + \dfrac{0.00155}{I}\right) \cdot \dfrac{n}{\sqrt{R}}}$$

  n：粗度係数，I：動水勾配，R：径深〔m〕

  ∴平均流速 $V = \dfrac{23 + \dfrac{1}{n} + \dfrac{0.00155}{I}}{\left\{1 + \left(23 + \dfrac{0.00155}{I}\right) \cdot \dfrac{n}{\sqrt{R}}\right\}} \cdot \sqrt{RI}$

■ 堰の流量計算

- 三角堰（直角三角形）

  $Q = C \cdot h^{5/2}$ 〔m³/s〕

  Q：流量，h：越流水深〔m〕，D：堰高〔m〕，B：水路幅〔m〕

  C：流量係数 $= 1.354 + \dfrac{0.004}{h} + \left(0.14 + \dfrac{0.2}{\sqrt{D}}\right) \cdot \left(\dfrac{h}{B} - 0.09\right)^2$

- 四角堰

  $Q = C \cdot b \cdot h^{3/2}$ 〔m³/s〕

Q：流量，b：越流幅〔m〕，h：越流水深〔m〕，D：堰高〔m〕

C：流量係数 $= 1.785 + \dfrac{0.00295}{h} + \dfrac{0.237h}{D} - 0.428\sqrt{\dfrac{(B-b)h}{B \cdot D}} - 0.034\sqrt{\dfrac{B}{D}}$

- 全幅堰

  $Q = C \cdot B \cdot h^{3/2}$ 〔m³/s〕

  Q：流量，B：水路幅〔m〕，h：越流水深〔m〕，D：堰高〔m〕

  C：流量係数 $= 1.785 + \left(\dfrac{0.00295}{h} + \dfrac{0.237 \times h}{D}\right) \cdot (1 + \varepsilon)$

  ε：補正係数 $D \leq 1\,\mathrm{m} = 0$，$D > 1\,\mathrm{m} = 0.55(D - 1)$

■ 水門（ゲート）の流量計算

- 自由流出の場合

  $Q = C_1 bd\sqrt{2g(h_1 - d)}$ 〔m³/s〕

  Q：流量，b：水路幅〔m〕，d：ゲート開度〔m〕

  h_1：ゲート上流水深〔m〕

  C_1：流量係数（$h_1/d > 2.5$ の場合 $0.62 \sim 0.66$），g：重力加速度（$= 9.8$）

- もぐり流出の場合

  $Q = C_1 bd\sqrt{2g(h_1 - h_2)}$ 〔m³/s〕

  Q：流量，b：水路幅〔m〕，h_1：ゲート上流水深〔m〕

  h_2：ゲート下流水深〔m〕

  C_2：流量係数（$h_1/d > 2.5$ の場合 $0.62 \sim 0.66$），g：重力加速度（$= 9.8$）

■ 限界流

- フルード数

  $\mathrm{Fr} = \dfrac{V}{\sqrt{gH}}$

  Fr：フルード数，V：流速〔m/s〕，H：水深〔m〕

- 限界水深

  $H_c = \sqrt[3]{\dfrac{Q^2}{gB^2}}$

  H_c：限界水深〔m〕，Q：流量〔m³/s〕，g：重力加速度（$= 9.8$）

  B：水路幅〔m〕

- 常流，射流，限界流の判定

  $H > H_c$：常流，$H < H_c$：射流，$H = H_c$：限界流

水文学

■ 降雨強度式

$$I = \frac{a}{t^c + b}$$

I：降雨強度，t：降雨時間，a, b, c：地域によって定まる定数

■ ピーク流出量

$$Q = \frac{1}{360} \cdot f \cdot r \cdot A$$

Q：ピーク流出量〔m³/s〕，f：流出率，r：降雨強度〔mm/h〕
A：流域面積〔ha〕

土質力学

■ 土の内部摩擦角 ϕ の推定

標準貫入試験 N 値より

- 大崎の式

$$\phi = \sqrt{20N} + 15 \leq 45°$$

- 道路橋示方書の式

$$\phi = \sqrt{15N} + 15 \leq 45°$$

N：砂の N 値，ただし $N > 5$

- ダナム（Dunham）の式

$$\phi = \sqrt{12N} + 15 \leq 45° \quad 粒度が一様で丸い粒子の場合$$

■ 土の粘着力 c〔kN/m²〕の推定

標準貫入試験 N 値より

$$c = 6 \sim 10\,N$$

一軸圧縮強度 q_u〔kN/m²〕より

$$c = \frac{q_u}{2}$$

■ 土の一軸圧縮強度 q_u〔kN/m²〕の推定

標準貫入試験 N 値より

$$q_u = \frac{100N}{8}$$

N：粘性土の N 値

コーン指数 q_c 〔kN/m²〕より

$q_u = 5 q_c$

■ 地盤の許容支持力計算
● 長期許容支持力度

$$q_a = \frac{1}{3}(\alpha \cdot c \cdot N_c + \beta \cdot \gamma_1 \cdot B \cdot N_r + \gamma_2 \cdot D_f \cdot N_q)$$

q_a：許容支持力度〔kN/m²〕，c：基礎底面下にある地盤の粘着力〔kN/m²〕
γ_1：基礎底面下にある地盤の単位体積重量〔kN/m³〕
γ_2：基礎底面より上にある地盤の単位体積重量〔kN/m³〕
α, β：形状係数

基礎の形状	連 続	正方形	長方形
α	1.0	1.3	$1.0 + \dfrac{0.3B}{L}$
β	0.5	0.4	$0.5 - \dfrac{0.1B}{L}$

D_f：最低地盤面から基礎底面までの深さ〔m〕
B：基礎の最小幅〔m〕
N_c, N_r, N_q：支持力係数

ϕ	N_c	N_r	N_q
0°	5.3	0	3.0
5°	5.3	0	3.4
10°	5.3	0	3.9
15°	6.5	1.2	4.7
20°	7.9	2.0	5.9
25°	9.9	3.3	7.6
28°	11.4	4.4	9.1
32°	20.9	10.6	16.1
36°	42.2	30.5	33.6
40°以上	95.7	114.0	83.2

● 短期許容支持力度

$$q_a = \frac{2}{3}(\alpha \cdot c \cdot N_c + \beta \cdot \gamma_1 \cdot B \cdot N_r + \frac{1}{2} \cdot \gamma_2 \cdot D_f \cdot N_q)$$

付　録

構造力学

■ 応　力

$$\sigma = \frac{P}{A} \ [\text{N/m}^2] \quad \tau = \frac{P}{A} \ [\text{N/m}^2]$$

σ：垂直応力，τ：せん断応力，P：外力〔N〕，A：断面積〔m²〕

■ ひずみ

$$\varepsilon = \frac{\delta}{l}$$

ε：ひずみ，δ：伸び（縮み）〔m〕，l：初期長さ〔m〕

■ フックの法則

$\sigma = E\varepsilon$

E：弾性係数（ヤング率），ε：ひずみ

■ 断面二次モーメント I〔mm⁴〕と断面形数 Z〔mm³〕

- 正方形

$$I = \frac{h^4}{12}, \ Z = \frac{h^3}{6}$$

- 長方形

$$I = \frac{bh^3}{12}, \ Z = \frac{bh^2}{6}$$

- 三角形

$$I = \frac{bh^3}{36}, \ Z = \frac{bh^2}{24}$$

- 円形

$$I = \frac{\pi D^4}{64}, \ Z = \frac{\pi D^3}{32}$$

D：直径

■ はりの公式

● 単純ばり

荷重状態	集中荷重 P	等分布荷重 w
端部曲げモーメント	$M = 0$	$M = 0$
中央部曲げモーメント	$M = P \cdot \dfrac{L}{4}$	$M = w \cdot \dfrac{L^2}{8}$
せん断力	$Q = \dfrac{P}{2}$	$Q = w \cdot \dfrac{L}{2}$
変形	$\delta = \dfrac{PL^3}{48EI}$	$\delta = \dfrac{wL^4}{384EI}$
たわみ	$\theta = \dfrac{PL^2}{16EI}$	$\theta = \dfrac{wL^3}{24EI}$

● 片持ちばり

荷重状態	集中荷重 P	等分布荷重 w
端部曲げモーメント	$M = P \cdot L$	$M = w \cdot \dfrac{L^2}{2}$
中央部曲げモーメント	－	－
せん断力	$Q = P$	$Q = w \cdot L$
変形	$\delta = \dfrac{PL^3}{3EI}$	$\delta = \dfrac{wL^4}{8EI}$
たわみ	$\theta = \dfrac{PL^2}{2EI}$	$\theta = \dfrac{wL^3}{6EI}$

● 両端固定ばり

荷重状態	集中荷重 P	等分布荷重 w
端部曲げモーメント	$M = P \cdot \dfrac{L}{8}$	$M = w \cdot \dfrac{L^2}{12}$
中央部曲げモーメント	$M = P \cdot \dfrac{L}{8}$	$M = w \cdot \dfrac{L^2}{12}$
せん断力	$Q = \dfrac{P}{2}$	$Q = w \cdot \dfrac{L}{2}$
変形	$\delta = \dfrac{PL^3}{192EI}$	$\delta = \dfrac{wL^4}{384EI}$
たわみ	$\theta = 0$	$\theta = 0$

参考文献

（ 1 ） 土木学会編：土木工学ハンドブック（第 4 版），技報堂出版（1989）
（ 2 ） 農業土木学会編：農業土木ハンドブック（改訂 6 版），農業土木学会（2000）
（ 3 ） 土木学会編：コンクリート標準示方書，土木学会
（ 4 ） 土木学会土木史研究委員会編：日本の近代土木遺産（改訂版），土木学会（2005）
（ 5 ） 日本道路協会：道路土工 - 施工指針，日本道路協会
（ 6 ） 日本道路協会：道路橋示方書・同解説下部構造編，日本道路協会
（ 7 ） 国土交通省総合政策局監修：建設業者のための施工管理関係法令集，建築資料研究社
（ 8 ） 椹木亨，柴田徹，中川博次編著：土木へのアプローチ（第 3 版），技報堂出版（1999）
（ 9 ） 谷川健一編：加藤清正・築城と治水，富山房インターナショナル（2006）
（10） 田村喜子：土木のこころ，山海堂（2002）
（11） 土木用語研究会編：土木現場用語おもしろ辞典，山海堂（2003）
（12） 久保村圭助・高橋裕編著：土木と社会，山海堂（1995）
（13） 土木出版企画委員会：図説土木用語辞典（新版），実教出版（2006）
（14） 井上国博，速水洋志，渡辺彰共著：図解でよくわかる 1 級土木施工管理技術検定，誠文堂新光社
（15） 永井達也：図解土木がわかる本，日本実業出版社（2003）
（16） 香坂文夫：絵とき入門都市工学，オーム社（2007）
（17） 香坂文夫：絵とき土木早わかり（改訂 2 版），オーム社（2003）

協力者一覧

　本書の執筆にあたり，写真の提供以外にも，下記の方々にイラスト，助言，資料などの協力をいただきました．改めて感謝の意を表します（敬称略）

[イラスト]
　下田謙二（建設技術研究所），山本百合香（栄設計）

[助言・資料]
　田村喜子（作家），江部春興，吉田勇人（栄設計），山田剛弘（三井住友建設），丸井英一（地域環境コンサルタント），長友卓（前田建設工業），植木誠（東京都下水道局），新津正義（JR東日本），村上広

索　引

● 英数字 ●

24 時間雨量 ……………………… 43
Civil Engineering ……………………… 2
DWL ……………………………… 102
ETC ……………………………… 113
GPS 測量 ………………………… 90
GPS 測量機 ……………………… 88
HHWL …………………………… 102
HWL ……………………………… 102
H 形鋼 …………………………… 39
IC ………………………………… 113
ISO14000 シリーズ ……………… 189
ISO9000 ………………………… 189
ISO9000 シリーズ ……………… 189
ISO9001 ………………………… 189
ISO9004 ………………………… 189
LLWL ……………………………… 102
LWL ……………………………… 102
MWL ……………………………… 102
NATM 工法 ……………………… 133
NfdWL …………………………… 102
OHSAS18001 …………………… 189
OWL ……………………………… 102
PC 構造 …………………………… 38
PDCA サイクル ……… 170, 173, 185
S 字カーブ ……………………… 175
U ドーザ ………………………… 196
VE ………………………………… 96
x-R_s-R_m 管理図 ……………… 187
$\bar{x}$-R 管理図 ………………………… 187
π 形 ……………………………… 40

● ア 行 ●

青の洞門 ………………………… 16
青山士 …………………………… 21
赤木正雄 ………………………… 21
アクティビティ ………………… 176
足場工 …………………………… 181
芦安堰堤 ………………………… 25
アースドリル工法 ……………… 70
アスファルトフィニッシャ …… 199
アスファルト舗装 ……… 110, 189
アースフィルダム ……………… 127
アーチ橋 ………………… 39, 119
アーチ式コンクリートダム …… 126
圧縮力 …………………………… 36
圧入工法 ………………………… 69
圧密試験 ………………………… 58
穴太衆 …………………………… 23
天城隧道 ………………………… 26
余部鉄橋 ………………………… 26
アルカリ骨材反応 ……… 75, 227
粟田万喜三 ……………………… 23
アングルドーザ ………………… 196
安全衛生教育 …………………… 209
安全衛生責任者 ………………… 208
安全管理 ………………… 178, 228
安全管理者 ……………………… 208
案内軌条式鉄道 ………………… 152

243

■索　引

石造りの橋	114
石積出し	18
石　橋	117
一軸圧縮試験	58
一般管理費	95
一般競争入札	96
一般建設業許可	202
一般廃棄物	192
イベント	176
インクライン	129
インターチェンジ	113
ウェルポイント工法	67
右　岸	101
請負契約	203
羽状流域	43
打継目	80
宇宙開発	223
運　搬	78
衛生管理者	208
液状化現象	33
液性限界・塑性限界試験	58
越流堤	103
エネルギー供給	5
塩化物イオン	227
塩化物含有量	188
堰堤工	35
応　力	36
大河津分水	26
押え盛土工法	65
汚水ポンプ	142
汚泥消化槽	143
汚泥脱水機	143
汚泥濃縮槽	142
小野辰雄	23
オープンケーソン	71
オランダ式二重管コーン貫入試験	56
オリフィス	51
オールケーシング工法	70

● カ 行 ●

外郭施設	147
海岸浸食	148
海岸堤防	148
開削工法トンネル	133
海洋開発	222
外　力	36
角　鋼	39
霞　堤	18, 102
河川管理者の許可	216
河川区域	101
河川工作物	103
河川測量	90
河川の種類	101
河川の断面構造	101
河川の役割	100
河川法	216
河川保全区域	101
片持ばり形	40
型　枠	77
型枠支保工	183
渇水位	102
滑働に対する安定	41
家電リサイクル法	230
加藤清正	19
稼働率	173
下部工	115
釜場排水	67
火薬類取締法	218
仮設備計画	168
火力発電	157, 158
火力発電所	157
下路橋	116
かんがい事業	160
環境アセスメント	85, 224
環境管理	190
環境整備	5
環境整備事業	160
環境整備施設	147
環境との調和	224
間げき比	30
間げき率	31
雁行堤	18

索引

監査廊･････････････････129
含水比･････････････････ 30
間接工事費･････････････ 95
間接費････････････････172
乾燥単位体積重量･･････ 31
乾燥密度･･･････････････ 31
寒中コンクリート･･････ 81
ガントチャート工程表･･174
管　網････････････････ 50
監理技術者･････････････203
監理技術者資格者証･････203
管理図････････････････187

危機管理･･････････････229
技術検定･･････････････203
技術士倫理要綱････････ 9
基準点････････････････ 87
基準点測量･･･････････ 90
規制基準･･････････････214
基礎工事･･････････････181
軌道工事･･････････････154
機能保全計画･･････････227
木の橋････････････････114
基本測量･･････････････ 88
休　憩････････････････207
休　日････････････････207
教育訓練･･････････････229
強化路盤･･････････････153
行　基････････････････ 15
行基図････････････････ 15
狭軌鉄道･･････････････154
橋　長････････････････115
共通仮設･･････････････169
共通仮設費････････････ 95
橋　梁････････････････115
橋梁工事･･････････････184
漁　港････････････････147
切ばり･･････････････72, 180

くい打機･･････････････181
杭打ち工･･････････････ 35
杭基礎････････････････ 69
くい抜機･･････････････181
空　海････････････････ 16

空気量････････････････188
区間更新･･････････････227
釘宮磐････････････････ 21
掘削機械･･････････････195
掘削工事･･････････････179
欝　塘････････････････ 19
クラッシュタイム･･････172
クラムシェル･･････････195
グリーン購入法･････194, 230
クリティカルパス･･････177
クレーン等安全規則････210
黒部第四発電所････････ 24
クローラクレーン･･････198
クローラ式トラクタショベル･･195
軍　港････････････････147
軍事工学････････････････ 3

計画高水位････････････102
計画の届出････････････209
径　　････････････････115
経済性管理････････････228
契約条件･･････････････166
渓流砂防･･････････････106
係留施設･･････････････147
下水管渠･･････････････141
下水処理場････････････142
下水道普及率･･････････140
ケーソン基礎･･････････ 71
桁　橋････････････････118
桁下高････････････････115
月面基地構想･･････････223
ケーブルクレーン･･････198
ゲルバー橋････････････118
原　価････････････････171
原価管理･････････170, 229
原子力発電･･････････157, 158
原子力発電所･･････････157
懸垂式鉄道････････････152
建設機械･･････････････195
建設業法･･････････････202
建設工事公衆災害防止対策要綱･･211
建設工事に係る資材の再資源化等に
　関する法律･････････217
建設コンサルタンツ････ 93

245

■ 索 引

建設指定副産物……………………192
建設副産物……………………………192
建設リサイクル法……………193, 217
建築基準法……………………………217
建築資材リサイクル法………………230
現場管理費……………………………95
現場条件………………………………166
現場透水試験…………………………56

降雨強度………………………………44
降雨強度式……………………………44
鋼　管…………………………………39
鋼管足場………………………………182
高気圧作業安全衛生規則……………210
広軌鉄道………………………………154
鋼　橋…………………………………117
工　業…………………………………161
鉱　業…………………………………161
工業港…………………………………147
公共工事の入札及び契約の適正化の
　促進に関する法律…………………204
公共工事標準請負契約約款……93, 205
公共事業………………………………3
公共測量………………………………88
航行補助施設…………………………147
鋼索鉄道………………………………152
工事原価………………………………94
工事測量………………………………90
工事費の構成…………………………94
降　水…………………………………42
高水敷…………………………………101
洪水吐…………………………………128
港則法…………………………………219
工　程…………………………………171
工程管理…………………………173, 229
工程管理曲線工程表…………………175
工程能力図……………………………186
工程表…………………………………174
高度処理………………………………142
光波測距儀……………………………88
鋼　板…………………………………39
抗　門…………………………………136
合流式…………………………………141
港湾構造物……………………………147

港湾の分類……………………………146
港湾の歴史……………………………146
護　岸……………………………104, 148
国土交通大臣許可……………………202
国土の保全……………………………5
固結工法………………………………65
跨座式鉄道……………………………152
骨　材…………………………………74
古　墳…………………………………12
コンクリート………………………78, 79
コンクリート橋………………………117
コンクリートプラント………………199
コンクリートポンプ車………………199
コーン指数……………………………61
コンシステンシー……………………75
ゴンドラ安全規則……………………210
コンバインダム………………………128
混和材料………………………………75

● サ 行 ●

載荷重工法……………………………65
最高水位………………………………102
採算速度………………………………171
再資源化………………………………194
最終沈澱池……………………………142
最初沈澱池……………………………142
再生資源利用計画……………………192
再生資源利用促進計画………………192
最早開始時刻…………………………177
最低水位………………………………102
最適計画………………………………172
最適工期………………………………172
再利用…………………………………143
左　岸…………………………………101
作業可能日数…………………………173
作業時間率……………………………173
作業主任者……………………………208
作業床…………………………………182
作業標準………………………………185
作業方法………………………………185
笹島信義………………………………24
砂漠開発………………………………223
サービスエリア………………………113

山岳工法トンネル	133	締切り堤	103
三角堰	52	社会環境管理	230, 228
三角測量	90	斜線式工程表	175
三角点	87	斜張橋	39, 119
山岳トンネル	132	射流	48
産業医	208	車両系建設機械	178
産業基盤	5	車両制限令	212
産業廃棄物	192	車輪式トラクタショベル	195
産業廃棄物管理票	193	就業制限	209
三軸圧縮試験	58	重源	16
酸素欠乏等防止規則	211	集水井工	35
サンドコンパクション工法	65	重ダンプトラック	196
山腹砂防	105	重力式アーチダム	126
		重力式コンクリートダム	126
ジェット工法	69, 191	樹枝状	50
支間	115	取水設備	129
時間雨量	43	主任技術者	203
事業計画	229	循環型社会形成推進基本法	230
資源の有効な利用の促進に関する法律		将棋頭	18
	217	定規断面	101
支持杭打設工法	34	商港	147
止水壁工法	34	浄水施設	138
施設機能診断	227	承水路工	35
自然環境の復元	225	消毒施設	142
自然再生事業	225	消波工	149
自然再生推進法	225	蒸発	42
自走式スクレーパ	61	床版橋	118
実施の届出	215	上部工	115
湿潤単位体積重量	31	城壁	13
湿潤密度	31	情報管理	228
室内土質試験	58	情報セキュリティ	229
指定仮設	168	情報ネットワーク	229
指定地域	215	照明設備	113
自動車リサイクル法	230	常流	48
自動レベル	88	上路橋	116
しばしばね	19	食品リサイクル法	230
支払い五原則	206	植物の橋	114
地盤改良工法	34	暑中コンクリート	81
ジブクレーン	198	ショベル	195
清水トンネル	26	処理場上部の利用	143
市民工学	2	シールド工法トンネル	133
指名競争入札	96	信玄堤	18
締固め	79	人工リーフ	149
締固め試験	58	深礎工法	70

■ 索　　引

人的資源管理……………………228
浸　透…………………………… 42
振動規制法……………………214
振動コンパクタ……………… 197, 62
振動締固め工法………………… 65
振動ローラ…………………… 62, 197

水　圧…………………………… 47
水圧管…………………………… 39
水域施設………………………147
随意契約………………………… 96
水撃圧…………………………… 49
水源施設………………………137
水準測量………………………… 90
水準点…………………………… 87
水底トンネル…………………132
水　門……………………… 39, 104
水文現象………………………… 42
水文統計………………………… 45
水力発電………………………157
水力発電所……………………157
水路橋…………………… 105, 116
水路用トンネル………………132
スウェーデン式サウンディング……… 56
杉本苑子………………………… 27
スクレープドーザ…………… 61, 196
ストックマネジメント………226
ストレートドーザ……………196
スラブ軌道……………………154
スランプ………………………188
スランプ試験…………………… 75

生活基盤………………………… 5
静水圧…………………………… 49
セオドライト…………………… 88
堰………………………… 52, 104
施工計画…………………… 166, 229
施工体系図……………………167
施工体制台帳…………………167
設計水圧………………………… 49
設計図書………………………205
セメント………………………… 74
セメントコンクリート舗装…………111
背割り石塘……………………… 19

背割り堤………………………102
禅　海…………………………… 16
前照灯…………………………178
専任の技術者…………………203
船舶役務用施設………………147
全面一括更新…………………227

騒音・振動防止対策…………190
騒音規制法……………………214
総合技術監理…………………228
総合評価落札方式……………… 97
送水施設………………………139
相対密度試験…………………… 58
総貯水容量……………………130
層　流…………………………… 48
粗度係数………………………… 48
曽野綾子………………………… 27
損益分岐………………………171

● タ　行 ●

タイドアーチ橋………………119
タイヤローラ………………… 62, 197
多角測量………………………… 90
高崎哲郎………………………… 27
打撃工法………………………… 69
武田信玄………………………… 18
出　し…………………………… 18
打　設…………………………… 79
田辺朔郎………………………… 21
ダミー…………………………177
ダムの形式……………………125
ダムの諸元……………………130
田村喜子………………………… 27
タワークレーン………………199
単位水量………………………… 76
単位セメント量………………… 76
単位体積質量試験……………… 56
単管足場………………………181
弾性波探査……………………… 56
弾性枕木直結軌道……………155
タンピングローラ…………… 62, 197

地域の履歴書…………………… 8

索引

地下開発	223
地下水流出	44
置換工法	65
築土構木	2
地形測量	90
治水	124
地中連続壁	73
地熱	158
地表排水	143
中間杭	72, 180
中間流出	44
中空重力式コンクリートダム	126
中性化	227
中路橋	116
超過確率雨量	45
長方形堰	52
直接仮設	168
直接基礎	68
直接工事費	95
直接せん断試験	58
直接費	172
直結軌道	155
チルトドーザ	196
沈下に対す安定	41
賃金	206
沈砂池	142
沈埋工法トンネル	133
土の含水量試験	58
吊り橋	119
ツールボックスミーティング	178
堤外地	101
ディーゼルパイルハンマ	191
ディーゼルハンマ	197
堤高	130
低水位	102
低水路	101
堤体積	130
堤頂長	130
堤内地	101
定流	48
鉄筋	78
鉄筋コンクリート構造	37
鉄塔	39
鉄道橋	116
鉄道トンネル	132
デリッククレーン	199
電気探査	56
電源構成比の推移	156
電子レベル	88
転倒に対する安定	41
土圧係数	32
統一土質分類法	59
統括安全衛生管理者	208
統括安全衛生責任者	208
道床工事	155
動水圧	49
動水勾配	49
等辺山形鋼	39
等流	48
導流堤	102
道路横断図	109
道路橋	116
道路工	189
道路構造令	108
道路交通法	213
道路トンネル	132
道路の種類	108
道路の歴史	107
道路法	212
徳川家康	19
特定建設業許可	202
特別管理一般廃棄物	192
特別管理産業廃棄物	192
都市施設用トンネル	132
土質記号	57
土質柱状図	57
都市トンネル	132
トータルステーション	88
トータルフロート	177
突堤	149
都道府県知事許可	202
土留め工	35
土留め工法	72
土止め支保工	180
利根川東遷	19

■ 索 引

利根川東遷工事 …………………… 20
土木工学 ……………………………… 3
土木事業 ……………………………… 3
ドラグライン ……………………… 195
トラス橋 ……………………… 39, 119
トラックアジテータ ……………… 199
トラッククレーン ………………… 198
トラフィカビリティ ……………… 60
土粒子の比重試験 ………………… 58
土量変化率 …………………………… 60
ドロップハンマ …………………… 197
トンネル工事 ……………………… 184
トンネルの覆工 …………………… 134

● ナ 行 ●

永田年 ……………………………… 21
中堀工法 …………………… 69, 191
那須疏水 …………………………… 25

荷捌き施設 ………………………… 147
日雨量 ……………………………… 43
新田次郎 …………………………… 27
日本統一土質分類 ………………… 59
日本橋 ……………………………… 26
ニューマチックケーソン ………… 71
任意仮設 …………………………… 168
仁徳天皇陵 ………………………… 12

ネットワーク式工程表 …………… 176
年次有給休暇 ……………………… 207
年少者・女性の就業制限 ………… 207

農業 ………………………………… 161
農業土木 …………………………… 159
農地防災事業 ……………………… 160
ノーマルコスト …………………… 172
のり面勾配 ………………………… 63
のり面保護工 ……………… 64, 111

● ハ 行 ●

バイオマスエネルギー …………… 158
廃棄物処理法 ……………………… 217

廃棄物の処理及び清掃に関する法律
……………………………………… 217
排水機場 …………………… 105, 143
排水事業 …………………………… 160
排水処理 …………………………… 153
排水設備 …………………………… 112
排水トンネル工 …………………… 35
排水路 ……………………………… 143
排水路工 …………………………… 35
ハイドログラフ …………………… 44
パイプサポート …………… 182, 183
バイブロハンマ …………… 191, 197
函形 ………………………………… 40
橋の架け方 ………………………… 121
場所打ち杭 ………………………… 70
バーチカルドレーン工法 ………… 65
バーチャート工程表 ……………… 174
曝気槽 ……………………………… 142
バックホウ ………………………… 195
バットレス式ダム ………………… 126
鼻ぐり井出 ………………………… 19
バナナ曲線 ………………………… 175
羽村堰 ……………………………… 26
腹おこし …………………… 72, 180
バリューエンジニアリング ……… 96
波力 ………………………………… 158
反応槽 ……………………………… 142

火打ち ……………………… 72, 180
樋管 ………………………………… 104
ピーク流出量 ……………………… 44
被牽引式スクレーパ ……………… 61
ひじ形 ……………………………… 40
ヒストグラム ……………………… 186
引張力 ……………………………… 36
避難港 ……………………………… 147
非破壊検査 ………………………… 227
樋門 ………………………………… 104
ヒヤリハット活動 ………………… 229
漂砂 ………………………………… 148
標準貫入試験 ……………………… 56
標準軌鉄道 ………………………… 154
表層処理工法 ……………………… 65
表面流出 …………………………… 44

索引

平板載荷試験……………………56
平板測量………………………90
平鋼……………………………39
廣井勇…………………………21
琵琶湖疏水……………………25
品質……………………………171
品質管理…………………185, 229
品質特性………………………185
品質標準………………………185

フィージビリティスタディ………84
フィルダム……………………127
風力……………………………158
フェリー港……………………147
深井戸工法……………………67
複合ダム………………………128
複合流域………………………43
副堤……………………………102
伏越し…………………………105
浮上鉄道………………………152
普通ダンプトラック…………196
普通鉄道………………………152
不定流…………………………48
不等辺山形鋼…………………39
不等流…………………………48
不等流計算……………………48
部分補修………………………227
プラットホーム………………153
フリーフロート………………177
浮力……………………………47
ブルドーザ……………………61
プレテンション方式…………38
プレボーリング工法………69, 191
プロポーザル…………………96
分別解体………………………193
分流式…………………………141

平安京…………………………13
平均水位………………………102
平行状流域……………………43
平水位…………………………102
併設橋…………………………116
平面線形………………………109
ヘッドガード…………………178

ヘッドランド…………………149
鞭牛……………………………17
ホイールクレーン……………198
ホイール式トラクタショベル…195
防護柵…………………………112
放射状流域……………………43
豊水位…………………………102
防雪施設………………………112
飽和度…………………………31
保管施設………………………147
星野幸平………………………24
圃場整備事業…………………160
ポストテンション方式………38
舗装軌道………………………154
ポータブルコーン貫入試験…56
ポートアイランド……………222
濠………………………………13
本堤……………………………102

● マ 行 ●

曲げモーメント………………37
マニフェスト…………………193
マニングの等流計算…………48
マリーナ………………………147
マリネーション構想…………222
丸太足場………………………181
マルチプルタイタンパー……155
丸沼ダム………………………25
満濃池…………………………16

ミキサー車……………………199
水セメント比…………………76
水抜きボーリング……………35
水の循環………………………42
溝形鋼…………………………39
道の駅…………………………113
三宅雅子………………………27
宮本武之輔……………………21

無軌道電車……………………152

木橋……………………………117

■ 索　引

元方安全衛生管理者……………208
ものつくり大学……………………23
門　形………………………………40

● ヤ　行 ●

矢　板……………………………180
山積図……………………………177

油圧ハンマ…………………191,198
有効貯水容量……………………130

容器包装リサイクル法…………230
養　生………………………………80
揚水機場…………………………105
用地測量……………………………90
擁壁工……………………………111
吉村昭………………………………27

● ラ　行 ●

ライフサイクルアセスメント……86
落石防護工………………………112
ラーメン橋………………………118
ラーメン構造………………………40
ランガー橋………………………119
ランマ……………………………197
乱　流………………………………48

離岸堤……………………………149
利　水……………………………124
リスク管理………………………229
履帯式トラクタショベル………195
立体横断施設……………………112
リッパドーザ……………………196
リバース工法………………………70

流　域………………………………43
流　出………………………………42
流出率………………………………44
粒度試験……………………………58
粒度組成……………………………30
旅客施設…………………………147
臨海工業地帯……………………222
林　業……………………………161
臨港交通施設……………………147

累計出来高工程表………………175

レーキドーザ……………………196
レンガ橋…………………………117

労働安全衛生管理体制…………208
労働安全衛生法…………………208
労働災害防止……………………178
労働時間…………………………207
労働者の解雇……………………206
労働条件…………………………206
労務管理…………………………229
ローゼ橋…………………………119
路線測量……………………………90
ロックフィルダム………………127
ロードスイーパー………………199
ロードローラ………………62,197
路盤工……………………………189

● ワ　行 ●

ワーカビリティー…………………75
枠組足場…………………………181
枠　工………………………………35
ワークショップ……………85,225
輪中堤……………………………103

〈著者略歴〉

速水洋志（はやみ　ひろゆき）

経歴：1968年　東京農工大学農学部農業生産工学科卒業（土木専攻）
　　　　　　　株式会社栄設計入社　以降　建設コンサルタント業務に従事
　　　2001年　株式会社栄設計代表取締役に就任
現在：速水技術プロダクション代表
　　　株式会社八島建設コンサルタント技術顧問
　　　株式会社ウォールナット技術顧問
　　　特定非営利活動法人グラウンドワーク三島専門アドバイザー
資格：技術士（総合技術監理部門）
　　　技術士（農業土木）
　　　環境再生医：自然環境部門（上級）
著書：「わかりやすい土木施工管理の実務」（オーム社）
　　　「これだけマスター土木施工管理技士」（共著，オーム社）
　　　「これだけマスター2級建築施工管理技士」（共著，オーム社）
　　　「土木構造物の調査と機能診断」（共著，オーム社）
　　　「コンクリート診断士試験」（共著，オーム社）
　　　「基礎からわかるコンクリート」（共著，ナツメ社）
　　　「図解でよくわかる　1級土木施工技術検定試験」（共著，誠文堂新光社）

- 本書の内容に関する質問は，オーム社ホームページの「サポート」から，「お問合せ」の「書籍に関するお問合せ」をご参照いただくか，または書状にてオーム社編集局宛にお願いします。お受けできる質問は本書で紹介した内容に限らせていただきます。なお，電話での質問にはお答えできませんので，あらかじめご了承ください。
- 万一，落丁・乱丁の場合は，送料当社負担でお取替えいたします。当社販売課宛にお送りください。
- 本書の一部の複写複製を希望される場合は，本書扉裏を参照してください。
JCOPY＜出版者著作権管理機構　委託出版物＞

わかりやすい土木の実務

2008年 9月20日　第1版第1刷発行
2025年 1月20日　第1版第19刷発行

著　　者　速水洋志
発行者　村上和夫
発行所　株式会社オーム社
　　　　郵便番号　101-8460
　　　　東京都千代田区神田錦町 3-1
　　　　電話　03(3233)0641（代表）
　　　　URL　https://www.ohmsha.co.jp/

© 速水洋志 2008

組版　新生社　印刷・製本　広済堂ネクスト
ISBN978-4-274-20589-7　Printed in Japan

ハンディブック 土木 第3版

粟津清蔵【監修】

A5判・692頁
定価(本体4500円[税別])

土木の基礎から実際までが体系的に学べる！
待望の第3版！

初学者でも土木の基礎から実際まで全般的かつ体系的に理解できるよう，項目毎の読み切りスタイルで，わかりやすく，かつ親しみやすくまとめています．改訂2版刊行後の技術的進展や関連諸法規等の整備・改正に対応し，今日的観点でいっそう読みやすい新版化としてまとめました．

本書の特長・活用法

1 どこから読んでもすばやく理解できます！
テーマごとのページ区切り，ポイント 解説 関連事項 の順に要点をわかりやすく解説．記憶しやすく，復習にも便利です．

2 実力養成の最短コース，これで安心！勉強の力強い助っ人！
繰り返し，読んで覚えて，これだけで安心．例題 必ず覚えておく を随所に設けました．

3 将来にわたって，必ず役立ちます！
各テーマを基礎から応用までしっかり解説．新情報，応用例などを 知っておくと便利 応用知識 でカバーしています．

4 プロの方でも毎日使える内容！
若い技術者のみなさんが，いつも手もとに置いて活用できます．実務に役立つ トピックス などで，必要な情報，新技術をカバーしました．

5 キーワードへのアクセスが簡単！
キーワードを本文左側にセレクト．その他の用語とあわせて索引に一括掲載し，便利な用語事典として活用できます．

6 わかりやすく工夫された図・表を豊富に掲載！
イラスト・図表が豊富で，親しみやすいレイアウト．読みやすさ，使いやすさを工夫しました．

もっと詳しい情報をお届けできます．
○書店に商品がない場合または直接ご注文の場合も右記欄にご連絡ください．

ホームページ http://www.ohmsha.co.jp/
TEL／FAX TEL.03-3233-0643　FAX.03-3233-3440

(定価は変更される場合があります)

「ゼロから学ぶ土木の基本」シリーズ既刊書のご案内

構造力学
内山久雄［監修］佐伯昌之［著］
A5・222頁
定価(本体2500円【税別】)

測量
内山久雄［著］
A5・240頁
定価(本体2500円【税別】)

コンクリート
内山久雄［監修］牧 剛史・加藤佳孝・山口明伸［共著］
A5・220頁
定価(本体2500円【税別】)

水理学
内山久雄［監修］内山雄介［著］
A5・234頁
定価(本体2500円【税別】)

地盤工学
内山久雄［監修］内村太郎［著］
A5・224頁
定価(本体2500円【税別】)

土木構造物の設計
内山久雄［監修］原 隆史［著］
A5・256頁
定価(本体2700円【税別】)

もっと詳しい情報をお届けできます。
○書店に商品がない場合または直接ご注文の場合も右記宛にご連絡ください。

ホームページ http://www.ohmsha.co.jp/
TEL／FAX TEL.03-3233-0643 FAX.03-3233-3440

(定価は変更される場合があります)